翻轉學

翻轉學

The Ultimate Collection of Business Frameworks

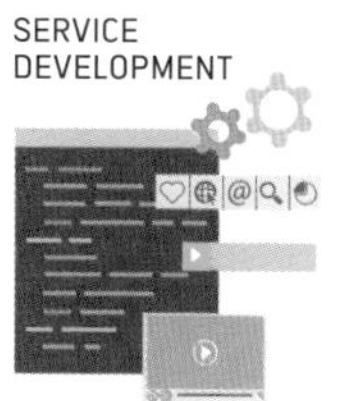

解決問題的 商業框架圖鑑

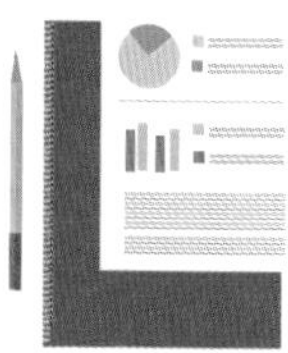

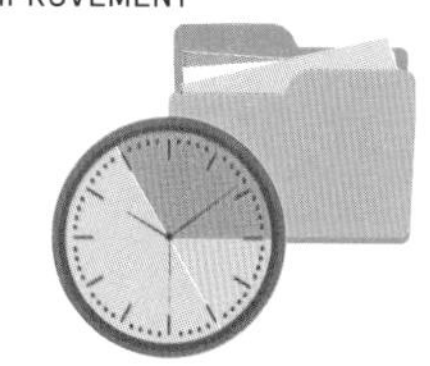

七大類工作場景×70款框架，
改善企畫提案、執行力、組織管理效率，
精準解決問題全圖解

ANO股份有限公司⋯⋯⋯⋯著　周若珍⋯⋯⋯⋯譯

目錄

好評推薦 …… 7
前言　解決問題最強的武器——框架 …… 8
本書的使用方法 …… 9

序章　如何活用框架 …… 11

第1章　發現問題・課題 …… 15

STEP 1　找出問題 …… 16
01　As is / To be …… 18
02　6W2H …… 20
03　原因分析 …… 22
04　可控制／不可控制 …… 24
STEP 2　整理問題 …… 26
05　邏輯樹狀圖 …… 28
06　課題設定表單 …… 30
STEP 3　決定優先順序 …… 32
07　急迫性／重要性矩陣 …… 34
08　決策矩陣 …… 36
專欄　「責任在我」或「責任在人」 …… 38

第2章 分析市場 ······ 39

STEP 1 分析大環境與自身公司 ······ 40

09 PEST 分析 ······ 42

10 五力分析 ······ 44

11 VRIO 分析 ······ 46

12 SWOT 分析 ······ 48

STEP 2 分析客戶 ······ 50

13 帕雷托分析 ······ 52

14 RFM 分析 ······ 54

15 人物誌 ······ 56

16 同理心地圖 ······ 58

17 客戶體驗旅程圖 ······ 60

STEP 3 分析競爭對手 ······ 62

18 4P 分析 ······ 64

19 4P ＋提供內容與對象分析 ······ 66

20 價值鏈分析 ······ 68

21 核心能力分析 ······ 70

專欄 徹底了解定量・定性的差別 ······ 72

第3章 思索課題解決方法 ······ 73

STEP 1 不設限地拋出創意 ······ 74

22 腦力書寫 ······ 76

23 曼陀羅九宮格 ······ 78

24 型態分析法 ······ 80

25 腳本圖 ······ 82

26 奧斯本檢核表 ······ 84

STEP 2 將創意具體化 …… 86
27 創意表單 …… 88
28 分鏡圖 …… 90
STEP 3 評比並選擇創意 …… 92
29 優缺點表 …… 94
30 SUCCESs …… 96
31 報酬矩陣 …… 98
專欄 在激發或評比創意時必須留意「成見」 …… 100

第4章 制訂策略 …… 101

STEP 1 思考策略方向 …… 102
32 產品組合矩陣 …… 104
33 安索夫矩陣 …… 106
34 交叉 SWOT …… 108
35 STP …… 110
36 定位圖 …… 112
STEP 2 思考該如何實現 …… 114
37 商業模式圖 …… 116
38 架構圖 …… 118
39 AIDMA …… 120
40 甘特圖 …… 122
41 組織圖 …… 124
STEP 3 設定目標 …… 126
42 路線圖 …… 128
43 KPI 樹狀圖 …… 130
44 AARRR …… 132
45 SMART …… 134
專欄 回測與預測 …… 136

第5章 改善業務 ⋯⋯ 137

STEP 1 反思結果 ⋯⋯ 138

46 KPT ⋯⋯ 140

47 YWT ⋯⋯ 142

48 PDCA（檢核表）⋯⋯ 144

STEP 2 將業務狀態視覺化 ⋯⋯ 146

49 業務盤點表 ⋯⋯ 148

50 業務流程圖 ⋯⋯ 150

51 PERT 圖 ⋯⋯ 152

52 RACI ⋯⋯ 154

STEP 3 思考改善策略 ⋯⋯ 156

53 勉強・過剩・不均 ⋯⋯ 158

54 ECRS ⋯⋯ 160

55 業務改善提案表 ⋯⋯ 162

專欄 籌畫會議時應留意的重點 ⋯⋯ 164

第6章 管理組織 ⋯⋯ 165

STEP 1 全體清楚掌握目標 ⋯⋯ 166

56 任務・願景・價值 ⋯⋯ 168

57 Will / Can / Must ⋯⋯ 170

58 Weed / Want 矩陣 ⋯⋯ 172

STEP 2 提升成員關係的品質 ⋯⋯ 174

59 周哈里窗 ⋯⋯ 176

60 認知／行動循環 ⋯⋯ 178

61 Want / Commitment ⋯⋯ 180

62 PM 理論 ⋯⋯ 182

63 利害關係人分析 ⋯⋯ 184

STEP 3 提升成員的動機 …… 186

64 雙因素理論 …… 188

65 Will / Skill 矩陣 …… 190

66 GROW 模型 …… 192

專欄 開會前先制定基本規範 …… 194

第7章 傳達與共享 …… 195

STEP 1 傳達資訊 …… 196

67 產品企畫書 …… 198

68 活動企畫書 …… 200

69 PREP …… 202

70 TAPS …… 204

框架應用 MAP …… 206

框架應用時機一覽表 …… 208

參考文獻 · 網站 …… 210

好評推薦

「書中提供相當多且實用的思考框架，幫助你發現問題、分析並訂定解決策略！有效改善你的企畫提案、簡報邏輯與商業困境。」

——林稚蓉，簡報培訓師

「最完整、系統化的分析架構，每個職場人需要的關鍵策略工具箱。」

——孫治華，策略思維顧問有限公司總經理、簡報實驗室創辦人

「一本加速思考到產出的好書，多達七十種框架都是工作場景中必須掌握的技巧，不只適合商務人士，更值得職場工作者的你做為隨身工具書。」

——劉奕酉，職人簡報與商業思維專家

前言

解決問題最強的武器——框架

你現在有沒有想實現的目標？無論是想發展新業務、增加業績，或是提升團隊的績效，相信你每天都努力地面對各種挑戰。

本書的目的，就是幫助你提高目標的解析度，讓目標變得更具體，同時吸引能攜手實踐的夥伴。假如你有想實現的目標或想解決的問題，卻不知該從何做起，一直在理想與現實之間躊躇徘徊，那麼請絕對不要錯過這本書。

「煩惱」與「思考」乍看相似，事實上卻截然不同。「思考」是試圖找出達成目的或目標的策略和方法，而「煩惱」則是指目標不明確、不知該思考什麼才好，毫無頭緒的狀態。倘若處於煩惱狀態中，就算有創意也無法有所進展，只能成天抱著鬱悶的情緒。

我認為，框架（framework）是一種強力武器，能幫你脫離這種漫無目的的摸索，替你創造邁出第一步的機會。目前坊間已經有許多框架應用的書籍，但本書不但說明框架的整體概念，更針對各種精挑細選的框架進行詳細的解說。除了個人，在組織和團隊中的運用也是本書的重點，希望本書有助於你擁有主見、解決問題。

本書的使用方法

本書逐一解說用於各種商務場合的框架，將應用場景分類如下，不過各框架的使用方法並非只有一種，請配合自己的狀況靈活運用。解說內容裡也有應用的技巧。

- 第 1 章　發現問題・課題框架（8 款）
- 第 2 章　分析市場框架（13 款）
- 第 3 章　思索課題解決方法框架（10 款）
- 第 4 章　制訂策略框架（14 款）
- 第 5 章　改善業務框架（10 款）
- 第 6 章　管理組織框架（11 款）
- 第 7 章　傳達與共享框架（4 款）

獨享附錄

本書的所有框架，皆提供 PowerPoint 空白表格。除了可以直接在個人電腦或平板上使用，也可以印出來，和團隊成員一邊討論、一邊手寫填入。請至下列網址下載：https://reurl.cc/N48rx

《解決問題的商業框架圖鑑》
PowerPoint 空白表格下載 QR

頁面介紹

本書有兩種說明頁面。一種是在使用框架前必須了解的基本概念說明，另一種是框架的使用方法和填寫範例。

基本概念說明頁面

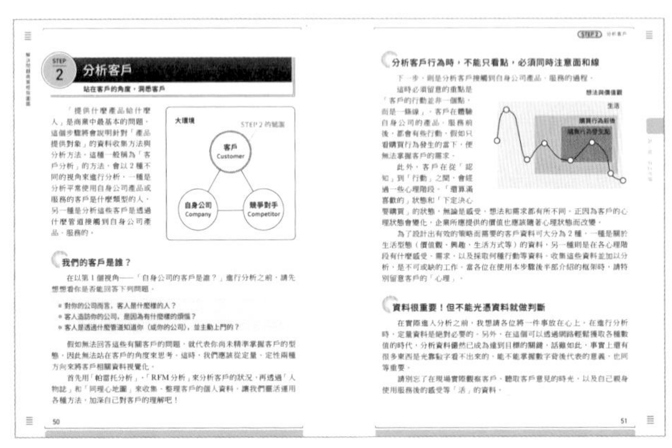

框架說明頁面

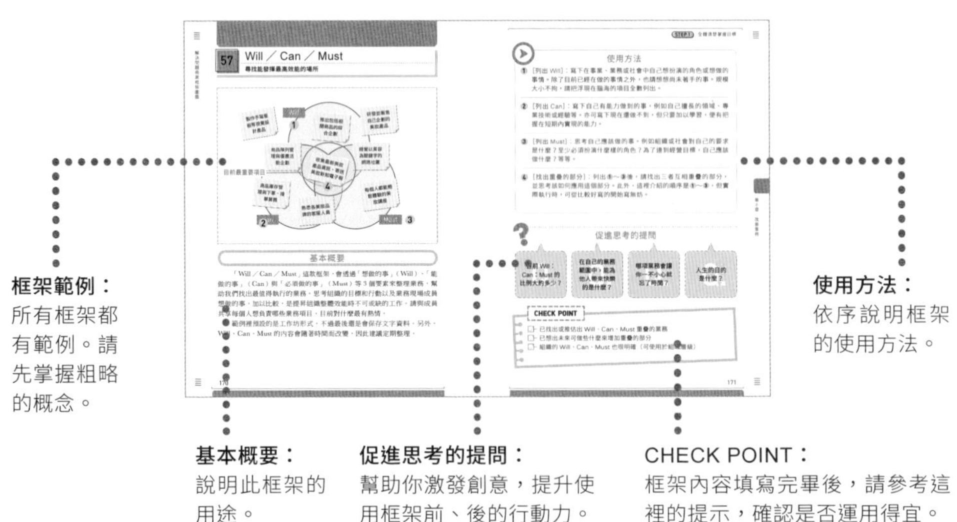

框架範例：
所有框架都有範例。請先掌握粗略的概念。

使用方法：
依序說明框架的使用方法。

基本概要：
說明此框架的用途。

促進思考的提問：
幫助你激發創意，提升使用框架前、後的行動力。

CHECK POINT：
框架內容填寫完畢後，請參考這裡的提示，確認是否運用得宜。

如何活用框架

先掌握基本概念

在詳細解說框架之前，首先在此簡單地介紹何謂框架，以及框架具備的功能。

何謂框架

首先，我想說明一下「框架」是什麼。所謂的框架，就是「架構」。在進行思考或分析時，只要先建立架構，就能明確掌握我們應該思考什麼、應該整理什麼，進而加快思考的速度。

例如當我們想「調查競爭對手」時，應該將構成 4P（請參照→18）的因素，也就是「產品」、「價格」、「流通」、「行銷」等 4 個因素拆開思考，而非漫無目的地蒐集資料，才能掌握具體而有用的資訊。

前人所留下的智慧財產——為了達成特定目標，將自己應鎖定的重點或指標、範圍、流程加以標準化的方法——就是框架。

摸索出最適合自己的框架運用方式

不過，框架並非萬能。儘管它能提供解決問題所需的重要提示，但單靠框架無法讓一切順利進行，因為根據不同的狀況和目的，最適合它的框架也會有些許差異。

先試著套入框架的態度固然重要，然而一旦演變為「為了套用框架而套用」，就本末倒置了。重要的是，必須隨時思考「為什麼要使用這個框架」，調整既有框架，找出對自己最具效果的運用方法。換言之，我希望你能抱著將本書升級為《解決問題的商業框架圖鑑 2.0》的態度來活用本書。

打造共識

前面提到框架是一種「架構」，具有加速思考的功能。除此之外，框架還有另一個重要的功能——替共同解決問題的夥伴打造「共識」。

即使看見、聽見一樣的事，每個人的感受或想法也會有差異。當眾多成員攜手達成某個目標時，一旦彼此的認知出現落差，問題就會逐漸萌生，等到發現時很可能已經非常嚴重，甚至導致企畫案或專案功敗垂成。

例如，在構思點子時，思考的切入點為何、團隊想要達成的目標是什麼，都必須先凝聚共識；在設定目標時，則必須對決策基準的優先順序達成共識；在決定具體戰略或戰術時，確認每個詞彙的意思和定義也是必要工作。

在現代，為了達成目標而由跨部門成員組成團隊的情況愈來愈普遍，因此凝聚共識、尋找共通語言的重要性也與日俱增。而框架正是一種可以有效凝聚共識的工具。

運用框架時所需的態度

在使用框架時，必須隨時意識到「Why」、「What」與「How」（尤其是引導人）。為什麼要使用框架？想要使用框架做什麼？要如何使用框架？——在運用各種框架時，請站在上述角度思考。

本書在介紹各種框架時，會不斷提及上述角度。除了個人運用，本書也會針對團體運用的狀況進行解說。讓我們利用框架整理討論的內容，將結論視覺化，再邁向下一個議題吧！

有關本書的架構

本書將 70 款框架依不同場景分七章介紹，整體而言，是以發現問題到解決問題的過程來排序。在順利解決問題前的步驟，雖然會因時間、場合和狀況不同而異，但當你煩惱著不知該從何著手解決問題時，希望本書能為你提供參考。

<本書的架構>

第1章　發現問題・課題
第2章　分析市場
第3章　思索課題解決方法
第4章　制訂策略
第5章　改善業務
第6章　管理組織
第7章　傳達與共享

第 1 章～第 4 章主要介紹從發現問題到訂立解決方案的框架與想法，第 5 章～第 6 章則會說明執行解決方案時所需的框架；具體而言，包括使業務視覺化、改善業務內容和管理組織時可運用的框架。第 7 章收錄第 1 章～第 6 章思考的內容與團隊共享，或提案時可派上用場的內容。

此外，為了提供你思考時可參考的角度，本書在每一款框架的解說頁中，也會一併介紹「促進思考的提問」，包括有助了解各框架基本概念的問題、促進改變思考角度的問題，以及有助提升行動力的問題等。為了讓每一款框架達到最有效的運用，也請你自己再補充問題。

最後的 CHECK POINT 是你評估達成率的參考指標。請參考 CHECK POINT，來確認框架是否運用得宜。另外，本書也附有每一款框架的範本和簡單範例。

發現問題・課題

STEP 1 找出問題

比較理想狀況與現狀，將問題視覺化

發現問題的第一步，是寫下理想狀況與現狀，確實掌握並整理出兩者的落差。所有問題的解決過程都從這裡開始，接著逐一設計為了彌平落差所需採取的行動和應該實施的體制。請根據資料或腦中的想法，把所能預測的問題全部列出。

所謂的問題，就是理想狀況與現況的落差

首先，請確認「何謂問題」？假設我們設定的理想狀況是「想把月營業額提升至 1,000 萬日圓」，而現狀是月營業額只有 500 萬日圓，那麼兩者就存在「不足 500 萬日圓」的落差；這個落差就是本書所稱的「問題」。再假設理想狀況是「0 客訴」，但實際狀況卻是接到 10 件客訴，那麼兩者的落差，也就是問題，便是「接到 10 件客訴」。

問題與課題的差異

在此也針對問題與課題的差異稍作說明。例如在上述假設中，公司「想把月營業額提升至 1,000 萬日圓」，但實際上卻存在「不足 500 萬日圓」的問題。在這個狀況下，解決問題所需採取的具體措施，例如「多拜訪 10 間新客戶」，就是「課題」。解決問題的流程是：先將問題明確化，接著設定課題，再策畫解決方案並實施。

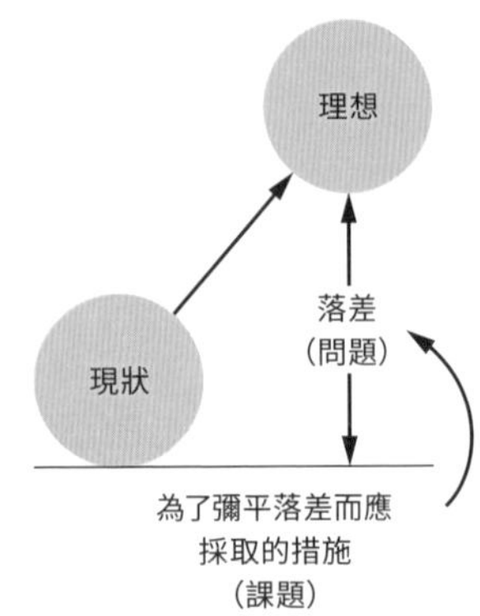

最重要的是必須鉅細靡遺地列出

STEP1 是發現問題。這裡最重要的關鍵是「將所有問題鉅細靡遺地列出」。請注意不要遺漏，也不要重複，而深入思考問題的本質也很重要。

在羅列問題時，很容易陷入只看見表面的狀態。真正重要的問題，並不是一眼就能看出的問題，而是潛藏在這些問題的根源當中。深入挖掘問題時，最簡單的方法就是問「Why（為什麼）？」。「為什麼」這個疑問詞非常有力，透過提問，就能深入挖掘造成問題的原因與周圍需要檢討的因素。

運用框架

然而，就算想列出問題，突然要自己寫出來也不容易。這就是框架派上用場的時候了。在這個步驟裡，我將介紹 4 款有助你擴展思考範圍、深入挖掘問題的框架，除了個人，也請和團隊一起運用。

首先，介紹把理想狀況和現況列出的「As is / To be」。這個框架可將理想狀況「To be」和現狀「As is」加以整理，並分析兩者的落差（問題），是在這個步驟中最主要的方法。

而加速我們列出理想狀況、現狀與落差的，則是「6W2H」、「原因分析」與「可控制／不可控制」等框架。透過「由誰」、「對誰」、「在什麼時候」、「做什麼」、「在哪裡」、「為什麼」、「如何做」、「做多久」等因素，以多種角度來看待事物的方法，就是「6W2H」。接著再藉由反覆提出「為什麼」的「原因分析」來深入探究，便能逐漸看出問題的全貌。

此外，也可利用第 3 章說明的「曼陀羅九宮格」強迫自己擴展思考範圍。整理問題的方法會在接下來的步驟裡詳述，現在最重要的是毫無遺漏地羅列（output）。

01 As is / To be

將理想狀況與現狀的落差視覺化

2 As is（現狀）	3	1 To be（理想狀況）
・營業額 2,000 萬日圓／月 ・員工 30 人 ・公司元老和新進員工之間開始出現文化差異。幾乎不再透過聚餐喝酒培養感情 ・目標大多由高層決定 ・半數員工週末必須加班 ・與當地居民幾乎沒有交流機會	⇄	・營業額 1 億日圓／月 ・員工 100 人（正職） ・員工間有深厚信賴關係的組織 ・能各自設定目標，主動挑戰的組織 ・週末可以好好休息 ・與當地居民頻繁交流

基本概要

「As is / To be」是將理想狀況「To be」與現狀「As is」的落差視覺化，幫助思考如何彌平落差的框架。所謂的落差就是「問題」，解決問題的第一步是比較理想與現狀。

本章將在 STEP1 說明找出問題之後，再更進一步深入探討問題的方法；在 STEP2 則會說明該如何設定「課題」，也就是解決問題所需採取的行動。

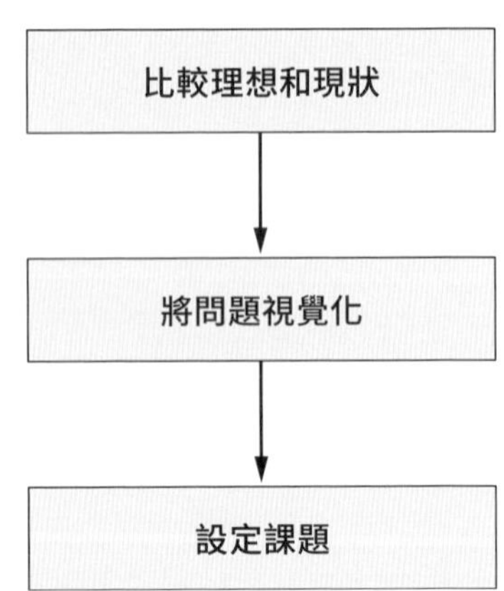

使用方法

1 [描繪理想狀況]：想像整個團隊的未來，描繪出團隊理想的模樣。可以先條列出腦中所有想法，之後再整理。

2 [整理現狀]：寫下相對於理想狀況的現狀後，加以整理。除了營業額、資源、技術面等定量資料，也請寫下團隊成員抱持的期待和感情等定性資料。此外，建議你在整理時，一併考慮理想狀況和現狀，而非只針對其中之一思考。

3 [分析落差]：分析理想與現狀的落差；這個落差就是「問題」。以左欄為例，問題就是「每月營業額尚差 8,000 萬日圓」、「員工數（人手）尚差 70 名」等。可利用 6W2H（請參照→**02**）或原因分析（請參照→**03**）深入探究問題核心。

促進思考的提問

- 目前完成了大約百分之幾的理想？
- 如果想將完成率提高 10%，可以做什麼？
- 如果想獲得 100 倍的成果，該怎麼辦？
- 最重要的問題是什麼？

CHECK POINT

- ☑ 團隊想達到的理想現狀已化為文字
- ☑ 已正確掌握團隊現狀，清楚問題所在
- ☑ 團隊成員皆已知道問題的存在

02 6W2H

透過 8 個疑問詞來檢視問題的各個面向

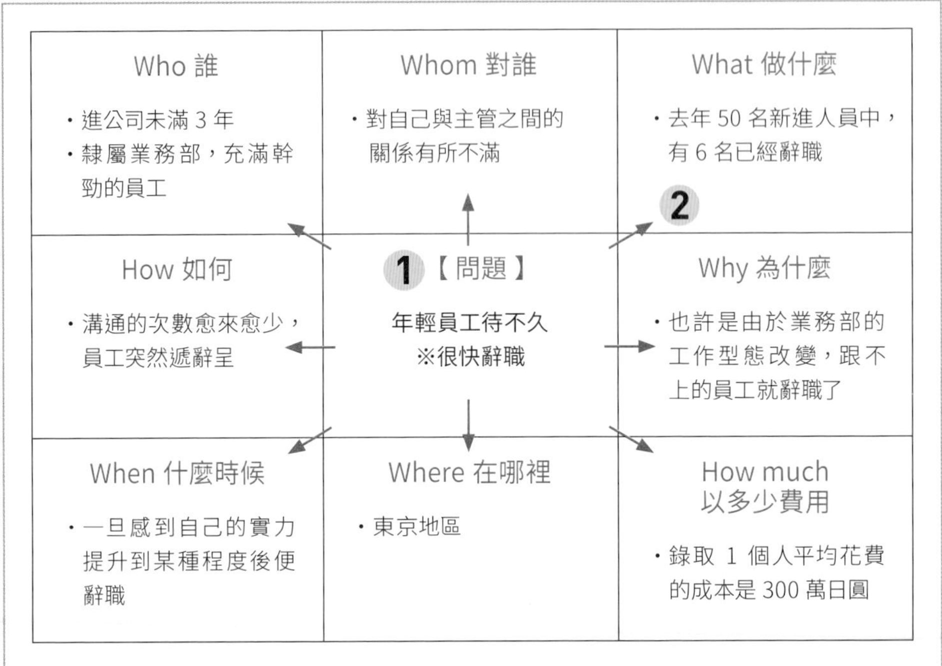

基本概要

「6W2H」可以幫助我們拓展思考範圍，網羅各種基本問題。所謂的 6W2H 是利用「Who」、「What」、「Whom」、「When」、「Where」、「Why」、「How」、「How much」等 8 個疑問詞，分別從各個面向探討事物、主題、問題與課題等的框架。在分析或統整問題、整理蒐集好的資料、激發創意或進行意見調查等必須整理資料的狀況，都能派上用場。

針對特定主題，從各種角度拋出疑問的好處，就是可以促進思考，發現以往從沒發現的觀點。當你想嘗試「從各種不同面向思考問題」時，請務必使用這個框架。

使用用方法

1 **[決定主題]**：設定主題（左頁範例中是「問題」），寫在中央欄位。

2 **[拓展相關資訊]**：針對主題，一邊回答 8 個疑問詞，一邊拓展思考範圍。透過各疑問詞所應思考的重點，請參考下表。

<提出 6W2H 疑問時的著眼點範例>

Who	明確列出人物、組織、職稱（或擁有該職位者）等主詞
What	明確列出關於欲探討之主題的事實和架構，如問題點、現況、產品或服務等
Whom	明確列出目標或人物等「對象」
When	確認實施日期或交貨日期等時間軸（一段期間或時間點）
Where	確認地點、位置、地理環境或地區
Why	明確列出目的、原因、意義、前提條件、目標或意圖
How	明確列出手段、過程、方法、步驟、架構等
How much	確認時間、費用、人才等資源

促進思考的提問

- 對問題是否正確理解？
- 發生這個問題的典型狀況為何？
- 為什麼會發生這個問題？
- 有沒有下意識忽略的點？

CHECK POINT

- ☑ 已針對主題全方位網羅各種資訊
- ☑ 可用文章說明主題
- ☑ 拓展思考範圍後，若有不明確的資訊，也可對其進行思考

03 原因分析

深究問題的原因

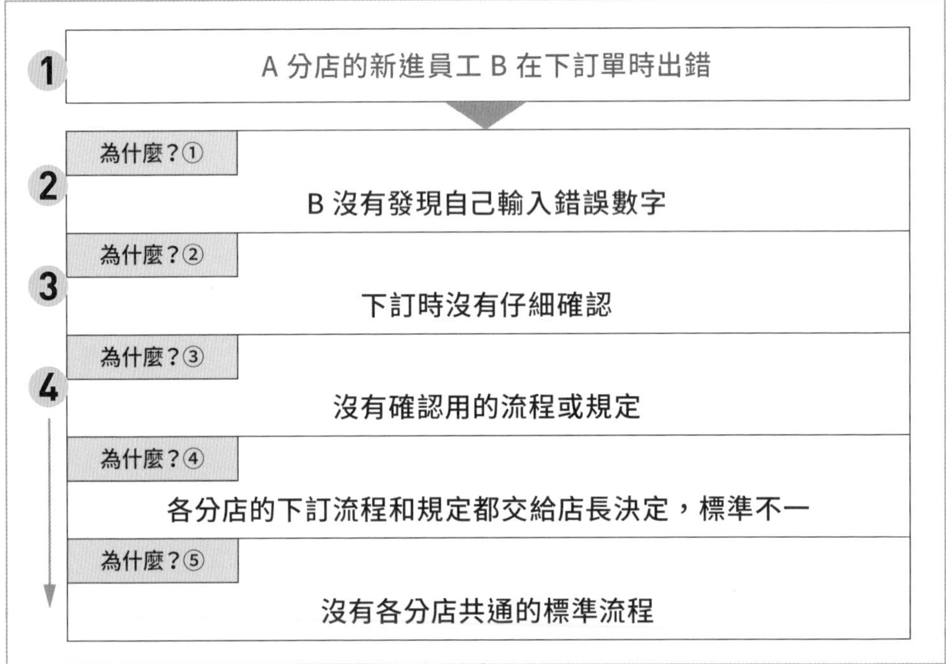

1
A分店的新進員工B在下訂單時出錯
2
為什麼？①
B沒有發現自己輸入錯誤數字
3
為什麼？②
下訂時沒有仔細確認
4
為什麼？③
沒有確認用的流程或規定
為什麼？④
各分店的下訂流程和規定都交給店長決定，標準不一
為什麼？⑤
沒有各分店共通的標準流程

基本概要

「原因分析」是透過不斷針對問題提出「為什麼？」，以闡明原因的框架。為了解決問題，我們必須確切掌握原因。如果只看到問題的表象就貿然執行對策，那麼即使當下可以達到效果，但問題的根本依然沒有解決，所以仍可能再次發生同樣問題。想要解決問題時，重要的是必須先闡明最根本的原因，再思考解決問題的方案。

除了利用原因分析來深究問題，我也希望你能透過這個框架，養成不斷詢問「為什麼？」的習慣和思考的能力。

使用方法

1 [設定問題]：設定欲分析的問題。關鍵是在每次的原因分析中，只鎖定一個具體內容。

2 [詢問「為什麼？」]：問自己「為什麼？」，寫出造成問題的原因。

3 [繼續問「為什麼？」]：針對已寫出的原因，再度問自己「為什麼？」，繼續探究其原因。

4 [重複3]：接下來便重複步驟3，不斷深究，直到能有邏輯地說明「只要改善這個原因，就可能解決一開始提出的問題」為止。另外，左頁範例是針對每個問題只寫出一個原因，但很多時候原因往往不止一個。這時候可以利用樹狀圖將原因分類，再針對每一個進行分析。關於樹狀圖的製作，請多加利用邏輯樹狀圖（Logic Tree，請參照→05）。

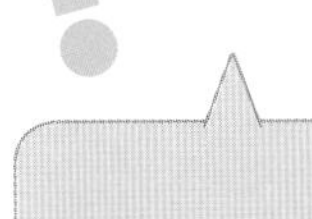

促進思考的提問

- 對前提抱有疑慮嗎？
- 針對問題的思考有多深入？
- 最了解這個問題的人是誰？
- 有類似問題嗎？

CHECK POINT

- ☑ 已做好整理，邏輯不會互相矛盾
- ☑ 論點中立客觀（並非因人而異的主觀分析）
- ☑ 已詳實列出原因（沒有因為擔心風評而隨便糊弄過去）

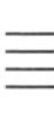

04 可控制／不可控制

掌握己方有能力改變的事物

基本概要

「可控制／不可控制」是用於將「透過己方努力就能解決的問題」與「己方也無能為力的問題」分開思考的框架。

所謂不可控制的事物，就是受社會變遷影響的事物，或是業界規則、客戶的問題等必須高度仰賴他人意願的事物。相反地，由於公司內部因素、自己的行動或想法所造成的問題，則比較可受控制，解決的可能性也應該比較高。

不可控制的問題固然也不該無視，但討論一個任憑己方再怎麼努力也無法改變的事實，只會無謂地消耗時間。先將問題分類為可控制或不可控制，便能有效節省時間。若想有效率地釐清問題並進行討論，請試試這個框架。

使用方法

準備 **[列出問題]**：把腦中浮現的問題、平常就感到困擾的事逐一寫下。如果是多人團隊一起進行，可以把一個問題寫在一張便利貼上。

1 **[分類]**：準備如左頁範例的紙張或白板，在上面將 **準備** 階段列出的問題分類為可控制與不可控制。這個步驟，可以由提出該問題的人來分類。

2 **[深入探究內容]**：分類完畢後，再透過對話深入探討，由團隊成員一同思考：可控制、不可控制的分類是否正確？在被分類為可控制的問題中，最想解決的是什麼？該怎麼做才能解決問題？等問題。此外，即使是不可控制的問題，也可以思考己方是否有能突破瓶頸的作為。假如能激盪出以往不曾出現的點子，就非常意義。參考這些著眼點來展開對話，便能從各種面向加深對問題的理解。

促進思考的提問

- **目前己方該思考的點是什麼？**
- **不可控制的主因是什麼？**
- **在本公司不可控制的問題，其他公司如何處理？**
- **針對可控制問題的解決方案是什麼？**

CHECK POINT

- ☑ 全體成員皆已清楚掌握可控制與不可控制的分界線
- ☑ 已深入討論不可控制的問題是否真的不可控制
- ☑ 已針對可控制的問題提出解決方案

STEP 2

整理問題

整理列出的問題與蒐集的資料

找出問題後，接下來就要進入整理問題、設定課題、討論解決方案的步驟。不論問題大小，整理資訊的抽象度與關聯性都是商務場合不可或缺的能力。現在，就先弄懂邏輯樹狀圖和 MECE 等框架的基本概念。

整理問題的大致流程

整理問題的基本流程是「①確認 STEP 1 列出的問題有沒有疏漏」、「②分類」、「③有邏輯地加以整理」。

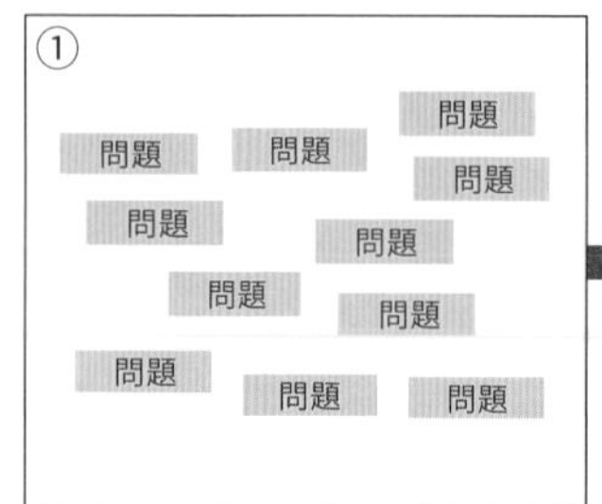

問題散亂

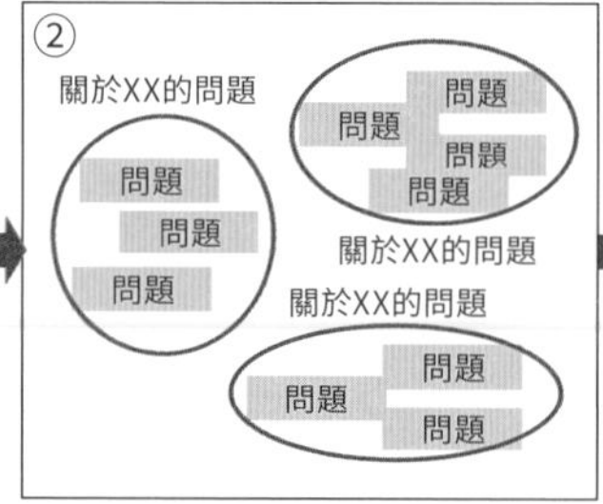

問題已妥善分類

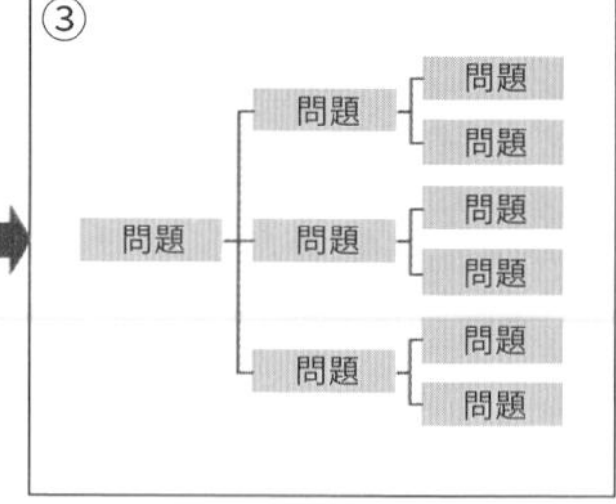

已整理好問題的階層與關聯性

整理問題時，最重要的是仔細思考資料的抽象度・具體度，再著手進行整理。不僅是個人思考問題時，在多人對話時更為重要。例如在討論時，一方針對企業走向層次的問題發表意見，但另一方卻針對現場作業層次的問題陳述想法，這樣是不會有交集的。相信這正是老闆和員工之間常見的想法落差吧！

為了避免這種狀況，針對問題討論時，必須讓所有人發言的「抽象度」（具體度）維持一致。透過接下來介紹的邏輯樹狀圖，可以將資料的抽象度，也就是把資料的「階層」和「關聯性」加以整理，並使其視覺化。

整理問題時必須隨時留意是否「沒有遺漏，沒有重複」

整理問題時，必須留意資料是否有疏漏或是重複。「沒有遺漏，沒有重複」地整理資料的方法，稱為「MECE」，是運用框架時不可或缺的大前提。讓我們一起來了解。

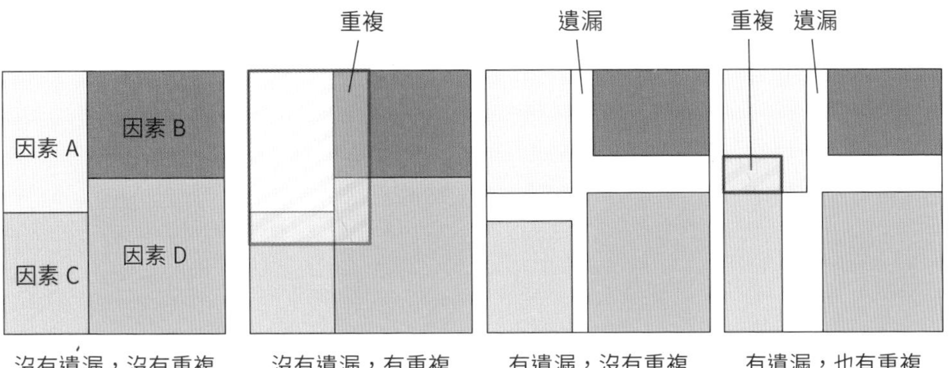

上圖是MECE的視覺概念。最左邊是「沒有遺漏，沒有重複」的狀態，而右邊三個則是出現遺漏或重複。倘若出現遺漏，就可能在對問題不夠掌握的狀態下做決定，出錯的機率便會升高。假如出現重複，就表示想法可能有所偏頗，或把時間耗費在不必要的分析或討論上，導致成本增加。使用框架時，請隨時提醒自己必須做到「沒有遺漏，沒有重複」。尤其是遺漏，一旦在某個步驟出現遺漏，很可能會在沒察覺的狀況下繼續進行，因此格外需要注意。

設定課題，討論解決方案的方向

在這個步驟，「邏輯樹狀圖」的主要功能是整理與問題相關的資訊，而「課題設定表單」的主要功能則是針對問題設定課題。深究問題的根源，釐清問題的原因與結構之後，就來討論為了解決問題而應採取的措施，以及解決方案的具體方向。

05 邏輯樹狀圖

整理出資料的階層性，掌握問題全貌

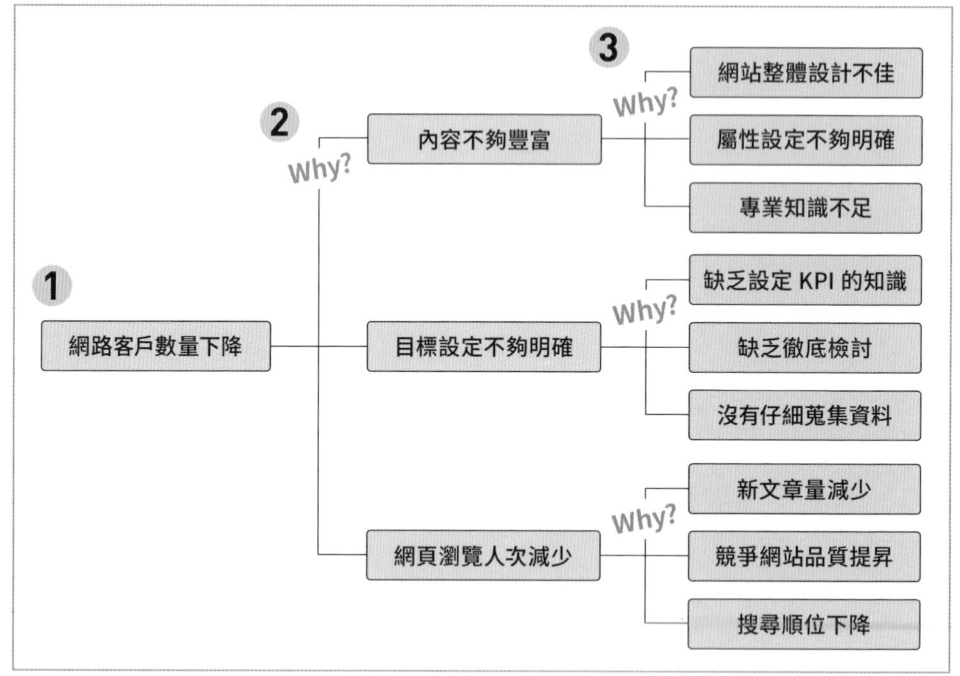

基本概要

「邏輯樹狀圖」是先將事物拆解後再思考，全面釐清「整體」與「部分」的框架。我們會在這個步驟，將一開始設定的問題拆解為多個因素。

在邏輯樹狀圖中，愈靠右側（階層較低的概念）的資料會被拆解得愈具體，愈靠左側（階層較高的概念）的資料則會愈精簡。邏輯樹狀圖包括釐清問題所在的「What 樹」、「Where 樹」，以及帶領我們摸索解決方案的「How 樹」等，我們可以根據不同的疑問詞來分類樹的用途。下面我將介紹以分析問題原因為目的的「Why 樹」該如何運用。

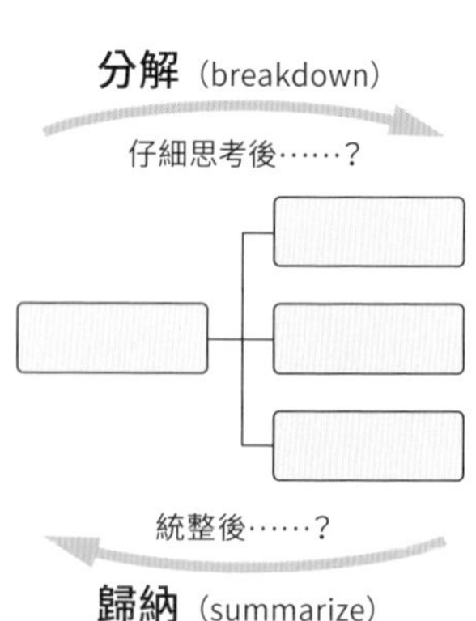

使用方法

1 [**設定問題**]：設定位於邏輯樹狀圖頂點的問題。請將已發生的問題或事實如實寫下（例如：「網路客戶數量下降」等）。

2 [**列出主要原因**]：針對已設定的問題提出「Why ？」（為什麼）列出可能導致問題的主要因素。在最初的階層不用拆解得太細，只須掌握大致分類、有幾種可能原因即可。

3 [**細分原因**]：針對在步驟 2 列出的原因繼續提出「Why」，細分每個原因並深究。如有需要，可重複本步驟。

4 [**整理樹狀圖**]：相關原因全都列出後，請確認每個因素的關聯是否有邏輯、階層高低是否無誤。此時必須格外留意階層是否上下顛倒，以及同一階層內的每個因素規模大小是否相當。

促進思考的提問

假如使其抽象化會如何？假如使其具體化會如何？

自己的思考習慣是偏抽象還是偏具體？

你能從列出的內容中舉出三個最重要的項目嗎？

其他公司或其他部門如何思考相同問題？

CHECK POINT

- ☑ 資料已妥善整理，可以掌握上下階層關係
- ☑ 自己或團隊的視角和論點皆沒有偏頗，全面列出所有資料
- ☑ 可以將事情抽象化或具體化之後再思考

06 課題設定表單

整理解決問題所需採取的措施

1	應解決的問題	團隊成員的熱忱差距愈來愈大 ※用創業初期的那種方法無法帶動剛進公司不久的成員
2	應執行的課題	設計新進員工的教育訓練與評分制度

3 【整理課題的概要】

- 草創時期，公司裡每位員工的關係都很緊密，並擁有共同的理念與願景，但隨著員工人數增加，想法就漸漸出現落差（Why）
- 希望設計一個三天二夜的集訓計畫，之後交由各店店長追蹤（How）
- 必須實施「理念共享」、「目標設定」與「行動計畫」的規畫，和後續的個別追蹤（What）
- 由人事部主導，同時請求各團隊主管協助（Who）
- 首先針對進公司未滿 2 年的員工實施（Whom）
- 希望 4 月、12 月各舉辦一場理念共享的研習，同時必須每個月進行一次個別面談（When）
- 研習在東京總公司舉辦，個別面談在各分店進行（Where）
- 希望一年的預算可以壓在 300 萬日圓以內（How much）

基本概要

「課題設定表單」是可將上述步驟所找出的問題加以整理，並設定未來應執行之課題的框架。

所謂的課題，就是為了解決問題而必須採取的行動。假設眼前的問題是「團隊成員的熱忱差距愈來愈大」，那麼諸如「設計新進員工的教育訓練與評分制度」等具體應該採取的行動，就是課題。

＜補充：問題與課題的差異＞

問題	理想與現狀的落差
課題	為了解決問題（彌平落差）而應採取的措施

使用方法

1 **[設定問題]**：寫下一個需要解決的問題。一張課題設定表單上只能填寫一個問題，若想處理許多問題，請準備多張表單。

2 **[設定應執行的課題]**：寫下為了解決此問題而必須採取的行動。有時一個問題可能會有許多課題，但請將課題濃縮成一個再填寫。至於第二個、第三個課題，請重新製作另一張課題設定表單。

3 **[整理課題的概要]**：寫下有關此課題的前提、條件和相關資訊，再依照 6W2H 來整理課題的概要。在下一個步驟（STEP 3），我們會判斷應該優先以哪一個課題開始執行，因此必須在這個步驟先具體掌握概念。

促進思考的提問

Q. 執行課題時會遇到阻礙嗎？

Q. 過去有人執行過相同的課題嗎？

Q. 該如何降低課題的門檻？

Q. 該怎麼做才能更容易得到他人的協助？

CHECK POINT

- ☑ 已針對挑出的問題設定適當課題
- ☑ 設定的課題是可實踐的（資源不足時會討論補救措施）
- ☑ 已針對課題的各種不同方向進行討論

STEP 3

決定優先順序

思考應執行課題的優先順序

到這裡為止，我們已經找出問題、加以整理，並設定了課題。本章最後一個步驟，就是決定已設定之課題的優先順序。接下來我將說明，為了在有限資源下發揮最大效果，對公司來說最重要的因素是什麼，以及公司該如何做出決策。

從最有貢獻的項目開始著手

在商務工作中，我們總是期待用最少成本獲得最大效益，因此原則上，從對達成目標最有貢獻的項目開始著手。簡而言之，就是假設有「每年可節省1萬小時的點子」和「每年可節省100小時的點子」兩個選項時，就應該從前者開始著手（假如還有其他不同條件，例如必須花費龐大預算才能節省較多時數等，則必須逐一考慮再選擇）。

開始執行課題時，一定會遇到時間及資本等資源限制。最理想的狀況，是從最有貢獻的課題開始完成，從容地營運，最後達成超出預設目標的成果。

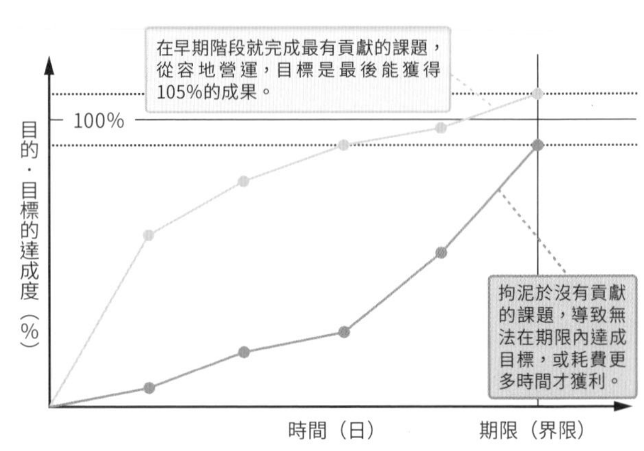
在早期階段就完成最有貢獻的課題，從容地營運，目標是最後能獲得105%的成果。
100%
目的．目標的達成度（%）
拘泥於沒有貢獻的課題，導致無法在期限內達成目標，或耗費更多時間才獲利。
時間（日）
期限（界限）

每個人都知道這是最理想的狀況，但實際上，仍有不少人總是沒來由拘泥於沒有貢獻的課題。此外，因為「一直以來都這麼做」而將資源浪費在對目標沒有貢獻的課題上，導致目標無法達成，也是常見的案例。除了選擇該做什麼，擁有選擇「不」做什麼的勇氣，也很重要。

是否有貢獻因狀況而異

如前所述，決定課題的優先順序時，應該由「最有貢獻」的因素開始選擇。我想強調「貢獻的多少」會隨目的和狀況而改變。例如，對經營零售業、正面臨人手不足問題的A公司來說，「招募員工」是當務之急，也是最重要的課題。而相對地，在只由少數精銳進行軟體研發，且即將發表該軟體的B公司裡，招募新員工可能就沒那麼必要。換言之，我們必須根據不同狀況和時間點，來選擇決定優先順序的標準。同時，必須讓全體員工了解這個標準，再來討論優先順序。

概觀整體是關鍵

我們經常遇到必須「挑出某個選項」的情況，這時候能否一眼看清每個選項的概略資訊便格外重要。將整體概念視覺化時，最方便的工具就是「矩陣圖」。矩陣是在「m行×n列」的圖形中畫出軸，用以替選項評分的方法，在運用框架時可說不可或缺。下圖就是最典型的2行×2列矩陣。

被軸分割的區塊稱為「象限」，請將選項放在各個象限裡。矩陣的好處，除了能讓我們概觀整體，掌握各個選項在評分標準中屬於哪個位階，也很容易針對每個象限提出對策，有助於銜接接下來的行動。

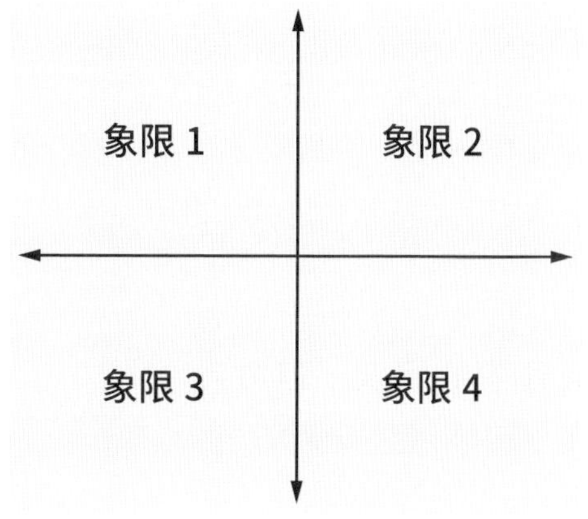

矩陣的具體範例，就是將急迫性與重要性當作標準，來檢討優先順序的「急迫性／重要性矩陣」。它是一款經典的框架，由於急迫又重要的課題會變得明確，因此在討論該從何處開始著手時相當有用。矩陣可以應用在各種狀況，讓我們先學會它的基本用法，未來便能靈活運用。

07 急迫性／重要性矩陣

讓課題的優先順序視覺化，並賦予關聯性

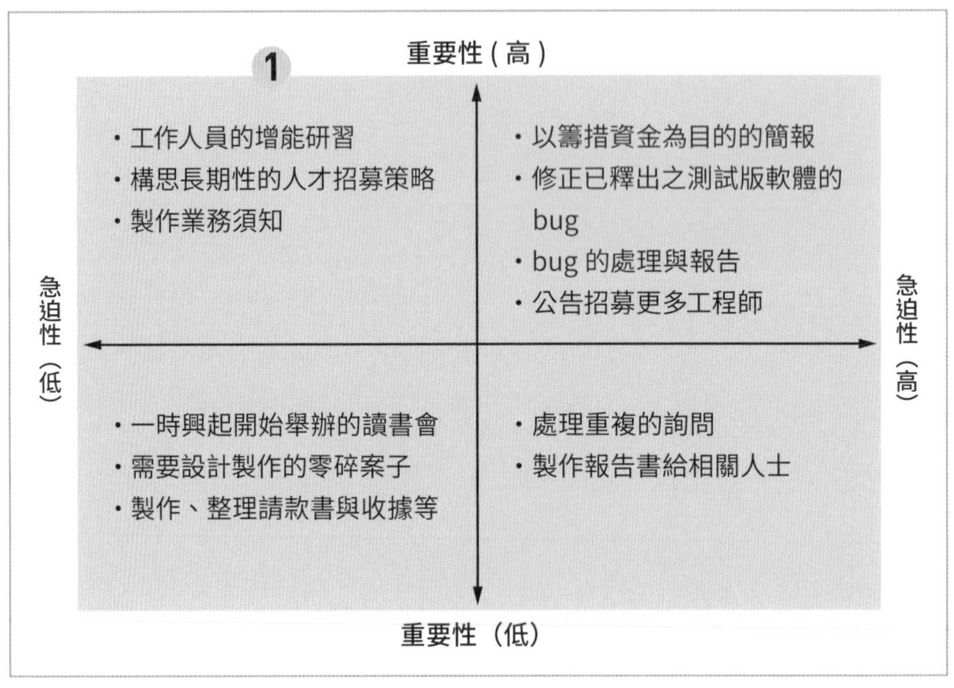

基本概要

「急迫性／重要性矩陣」是透過「急迫性」與「重要性」兩種評分基準來整理、討論、決定事物優先順序的框架。這是非常經典的框架，從管理層級的課題到個人生活上面對的課題等，在任何狀況下都可以運用。在利用急迫性／重要性矩陣將整體概念視覺化之後，除了課題的優先順序，思考該對每項課題撥出多少資源才能得到平衡，也是重點之一。

另外課題過多時，也可以使用九宮格矩陣。只要增加格子，就能更仔細地檢討每個課題並思索對策。

使用方法

1 **[將課題配置於矩陣中]**：把課題配置在矩陣中。事先設定「急迫性」、「重要性」的定義和標準，是有效運用的關鍵。尤其是多人團隊一起使用時，更是必須事前討論清楚。另外，建議你可以事先把課題寫在便利貼上，以利更輕鬆地掌握整體概況。

2 **[檢討優先順序]**：整理好矩陣後，便可思考優先順序。檢討時可參考急迫性和重要性的高低。

補充 **倘若只在乎急迫性，便會失去未來性**

一直只在乎急迫性的人，往往容易忘記思考「不急迫但重要的事」。例如「開拓新市場」等投資因素較強的業務，就很容易被歸在急迫性較低的類別中。但如果沒有進行這項投資，便很難培養未來的競爭優勢。

促進思考的提問

- 哪個課題能用最小成本獲得最大效果？
- 如果想讓成果增加 3 倍，應該選哪個課題？
- 有重要性低，卻很耗費成本的業務嗎？
- 有根本沒必要執行的課題嗎？

CHECK POINT

- ☑ 所有成員皆已了解急迫性和重要性的定量性定義
- ☑ 所有成員皆已了解每個課題在急迫性・重要性上的定位
- ☑ 已掌握每個選項所需耗費的成本

08 決策矩陣

以定量・客觀的方式評斷每個選項

	急迫性 ×1.0	可行性 ×1.0	利益性 ×2.0	未來性 ×2.0	合計
選項1 研發新產品 為了與其他公司做出區隔而研發新產品，藉以吸引更多客戶。	1	3	2	2	12
選項2 祭出促進介紹的優惠 推出優良客戶抽獎以及吸引老客戶介紹新客戶的優惠。	2	5	3	1	15
選項3 設計網路策略 原本主要以傳統方式行銷，因此要加強網路行銷策略。	5	3	4	2	20
選項4 開發合作夥伴 開發願意協助行銷宣傳活動的合作企業。	3	2	1	3	13
選項5 策劃宣傳企劃 針對以往沒有觸及的客群策畫宣傳企畫。	2	1	1	5	15

※本次各項目滿分為 5 分

基本概要

「決策矩陣」是決定課題或構想時，替多個選項進行評選的方法之一。做決策時，假如面對多個選項，絕不能只仰賴定性資料或主觀，而應該定量且客觀地予以評價。

除了個人使用，也可以設計成問卷，讓許多人一起使用。多人共同使用時，必須確保每一名成員都理解各評分項目的意義和定義。原則上最後會採用得分較高的選項，但並不代表非得選擇最高分的選項。最重要的是不能偏向定性資料或定量資料的任何一方，而是應該審慎思考兩種因素，再做出最後決策。

使用方法

1 **[整理評分項目]**：整理並列出需要評分的選項。例如急迫性／重要性矩陣（請參照→07）範例中舉出的各種想執行的課題，就是評分的選項。必須注意的是，請寫下足以讓人理解課題概要的資訊。

2 **[設定評分項目與重要性]**：填入評分項目與其「比重」。所謂「比重」就是各評分項目要用什麼比例來計分。評分項目與其比重必須依照目標設定，例如左頁範例設定為「急迫性」（×1.0）、「可行性」（×1.0）、「利益性」（×2.0）、「未來性」（×2.0）等四種。

例 評分項目
急迫性、重要性、可行性、利益性、效果性、未來性、印象、優勢、發展性等等

3 **[進行評分]**：準備好選項和評分項目，便可實際替各項目打分數，開始評分。所有項目打好分數後，將合計分數紀錄於最右側欄位。最後再根據「數值」這個視覺化資料進行決策。

促進思考的提問

- 平常在決策時，最苦惱的是什麼？
- 所有的選項是否都可以執行？
- 用加分或扣分的方式思考？
- 哪個選項最能幫助自己想像「課題解決後的狀態」？

CHECK POINT

- ☑ 已給予適切的評分（尤其是個人使用此框架時，應請第三者確認）
- ☑ 當評分結果與直覺有落差時，已確實思考這個落差的意義
- ☑ 已決定（或鎖定）應執行的課題

專欄　「責任在我」或「責任在人」

在第 1 章裡，我依序介紹了在找出問題、分析問題、整理問題和決定課題優先順序時可運用的框架。而在思考問題時，必須特別意識到「責任在人」與「責任在我」的不同。

「責任在人」與「責任在我」

「責任在人」是把導致問題的原因歸咎於團隊成員、公司或整個社會，也就是除了自己以外的「他人」。例如「接到客訴時，先懷疑部下或主管的應對方式」、「沒達到業績目標時，先質疑客戶的理解能力」等等。

相對地，「責任在我」是認為問題肇因於自己的行為或想法等，也就是出在「自己」身上。套進上述的例子裡，就是「接到客訴時，先檢討自己的應對是否有失禮之處」、「沒達到業績目標時，先想想自己有沒有做好客戶需求調查」。

「責任在我」的思考模式能帶來行動

「責任在人」與「責任在我」這兩種思考方式皆有其必要，但我希望你能「先想想看是否責任在我」。因為假如採取「責任在人」的思考模式，認為原因並非出在自己身上，那麼往往很難針對該問題構思解決對策並加以實踐。用「責任在我」的態度來思考，捫心自問「現在我能做些什麼？」便能進一步想出具體行動，並付諸實行。

先從自己能力範圍內可以改善的事情開始實踐，再逐漸把範圍從「自身」擴大為「整體」，思考「整體架構是不是也有改善空間？」、「整個團隊的目標是否有必要修正？」才是最理想的狀況。無論如何，最重要的是必須持續不斷思考，耐心探尋有助解決問題的線索。

分析市場

STEP 1 分析大環境與自身公司

洞悉全球與業界動向，掌握自身公司目前的地位

本章將以三個步驟介紹有關「分析」的概念與框架。在實際的工作現場，通常會反覆執行第 1 章的「找出問題」與第 2 章的「分析」。也就是我們會一邊蒐集需要的資訊，一邊有系統地整理。

「拆解」構成事物的因素，確認調查的「目的」

分析就是將複雜的事物拆解成許多小部分（構成事物的因素），釐清其結構與彼此間的關聯性。進行分析時所需要的能力，就好比地圖 App，必須能自由放大、縮小來檢視整體和部分，彙整每個部分的詳細資訊。因此，分析的首要之務是先掌握整體概念，再「拆解」。

將因素拆解後再進行思考

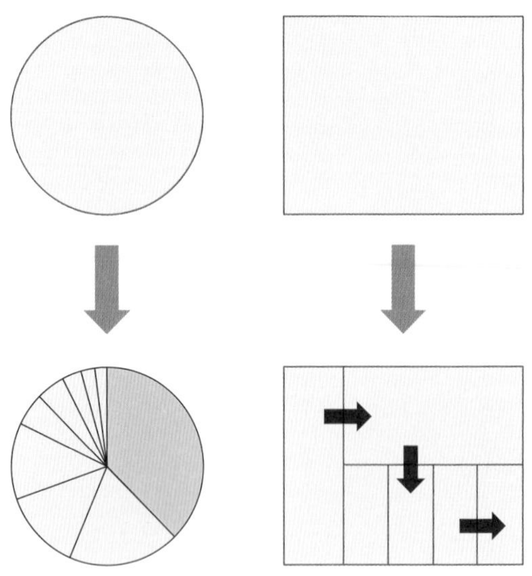

其次，判斷該如何拆解、該調查哪些地方時，最大的關鍵是分析的「目的」。我們必須從目的——也就是分析完畢後，究竟想做些什麼——來往回推。例如，假如只是「試著做了問卷調查」，那麼不但無法透過問卷調查達到任何目的，連有用的資訊都無法取得。

進行調查時，必須先依據目的做出假設，如此便能提升自己對落差和重點的敏感度，做出更有意義的調查和分析。

分析的基本概念是 3C 和大環境

世界上有各式各樣的分析方法，本書透過「自身公司」、「客戶」、「競爭對手」以及與上述三者息息相關的「大環境」等四個視角，將分析方法加以分類，歡迎你在尋找符合目的的分析方法時多加參考。

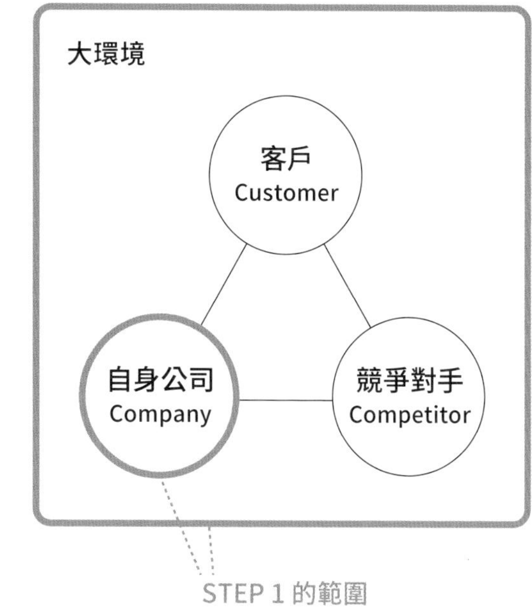

為了理解這四個視角，首先要掌握「3C」的概念。

「3C」是一款分別站在「自身公司」、「客戶」與「競爭對手」這三種不同角度來分析經營環境，尋找成功關鍵的框架。這款框架可以運用在各種場合，例如替自身公司設計可能的策略、檢討事業發展走向等等。

3C 雖然將視角分為三種，但每個因素都是連動的，因此不能將它們分開思考。分析自身公司時，也必須了解客戶；倘若不知道自己有哪些競爭對手、那些競爭對手目前的動向為何，就無法掌握自身公司的定位。請將 3C 視為一個互相連動的整體，再針對各因素進行詳細調查。

除了 3C，另一個需要掌握的是「大環境」。大環境是指時代潮流、全球走向等不可抗力的因素，包括人口、政治、科技、經濟等。當我們想分析這些因素可能對組織帶來什麼機會或威脅時，就必須考慮大環境。以往的優勢，可能隨時代變化變得無用武之地，相反地，過去不受注目的因素，也可能因社會需求的變化而開始受重視。進行分析時，請考慮各個面向，並同時注意整體與部分。

09 PEST 分析

掌握大環境變化與關鍵字

1

政治 Politics	經濟 Economy
・入學考試制度與課程的改革 ・程式設計等新科目改為必修 ・因上述現象而產生的學校教育人才不足	・對教育的投資日益活絡 ・都市與鄉村的教育品質落差 ・經營補習班所需的空間變得便宜
社會 Society	**科技 Technology**
・從要求一致轉變為重視個體差異 ・雙薪家庭增加，家庭教育時間減少 ・只重視成績的價值觀開始改變，大學升學率可能下降	・ICT（資訊及通訊科技）的迅速發展 ・視訊會議技術的發達，使遠距教學變得更容易 ・群眾外包與 C2C 服務的發展，增加了獲得教育人才的途徑

基本概要

「PEST」分析是在思考影響自身事業或組織的「大環境因素」時很有用的框架，適合用於構思策略、設計戰術時。PEST 是由「Politics」（政治）、「Economy」（經濟）、「Society」（社會）與「Technology」（科技）的字首組成；我們要以這四個因素切入，預測未來變化，設計事業藍圖。

在 PEST 分析中，除了大環境的現狀，更要分析未來長期的動向。PEST 分析的優點，是可以思考自己的公司在時代變化洪流中該如何自處。為了蒐集多方且正確的資訊，成員的選擇和調查方式也都必須留意。

使用方法

1 **[列出帶來影響的因素]**：以「政治」、「經濟」、「社會」、「科技」等因素切入，列出可能帶來影響的事物。這項工作可以廣邀各種擁有不同知識與經驗的成員加入。如果能設定某種程度的時間軸，例如「在3～5年內可能帶來影響的事物」，便能更輕鬆地聯想。

補充 **製作年表，掌握時間順序**

另一個方法是依照時序，像年表一樣地列出。適合用於想要同時掌握造成影響的因素與變化的狀況時。

2 **[整理因素]**：列出一部分之後，便可先整理一次資料，確認是否有遺漏；如果有缺漏請補上。資料蒐集齊全後，再挑出對自身公司比較重要的因素。可以用「對市場影響多寡」或「不確定性」等作為評分基準。

促進思考的提問

- 最近有什麼重大新聞？
- 常在媒體或書店看到什麼關鍵字？
- 你認為有必要學習什麼？
- 你能從各項目挑出三項最重要的資料嗎？

CHECK POINT

- ☑ 掌握世界潮流與當代的關鍵字
- ☑ 已確認可能對自身公司造成重大影響的因素
- ☑ 已確認列出的資料正確無誤（不聽信網路傳聞或謠言）

10 五力分析

將業界的競爭結構視覺化

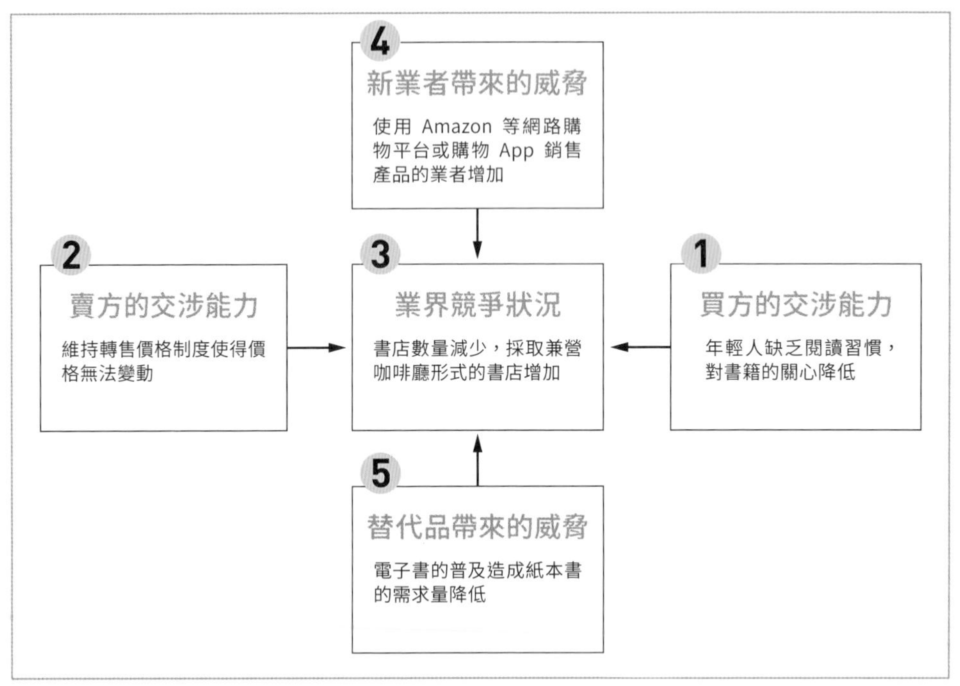
4
新業者帶來的威脅
使用 Amazon 等網路購物平台或購物 App 銷售產品的業者增加
2
賣方的交涉能力
維持轉售價格制度使得價格無法變動
3
業界競爭狀況
書店數量減少，採取兼營咖啡廳形式的書店增加
1
買方的交涉能力
年輕人缺乏閱讀習慣，對書籍的關心降低
5
替代品帶來的威脅
電子書的普及造成紙本書的需求量降低

基本概要

「五力分析」（Five Forces）是從「買方的交涉能力」、「賣方的交涉能力」、「業界競爭狀況」、「新業者帶來的威脅」、「替代品帶來的威脅」等五種因素切入，分析業界競爭結構與魅力的方法。這五種因素愈多或愈強，就表示該業界的競爭愈激烈，獲益門檻也愈高。這個框架適合在想掌握自身公司所屬業界的競爭結構，或分析即將投入之業界的競爭結構時使用。

此外，即使透過五力分析得到了「競爭性很高」的結論，也不見得就表示應該做出「不投入」（撤退）的判斷，必須同時掌握結構，思考是否能打造一個可以發揮競爭力的定位。關於定位的概念，請參考 STP（請參照→35）。

使用方法

1 [分析買方的交涉能力]：買方指的是客戶，也就是購買自身公司產品或服務的企業或個人。買方是否具有獨占性、需求是否有變化、對公司產品忠誠度高不高等等，都是提高買方交涉能力的可能因素。

2 [分析賣方的交涉能力]：賣方指的是供給自身公司的產品或服務所需之零件、材料的上游廠商。在這裡必須整理上游廠商或其業界對自身公司帶來的影響。

3 [分析業界競爭狀況]：針對業界裡有哪些競爭對手、有什麼競爭手段或策略等主題蒐集資料並整理。

4 [分析新業者帶來的威脅]：整理投入此業界的門檻有多高、目前有哪些新業者。假如不太需要設備投資、專業技術不難學會，那麼新業者的威脅就會提高。

5 [分析替代品帶來的威脅]：分析是否可能創造出 CP 值更高的模型，來滿足現有產品、服務所滿足的需求。

促進思考的提問

具有高度影響力，可能造成瓶頸的競爭因素是什麼？

要正面對決？還是要避開競爭？

如果改變鎖定分析對象的方式，會有什麼不同？

3 或 5 年後的動向是什麼？

CHECK POINT

- ☑ 已定義自身公司投入（或計畫投入）的業界所處的位置
- ☑ 業界內外的競爭因素皆已視覺化
- ☑ 已掌握業界所擁有的魅力與困難之處

11 VRIO 分析

分析自身公司的競爭力

1	V 經濟價值	R 稀有性	I 不可模仿性	O 組織	3 今後的對策與方針
人才	○	○	○	△	擁有業界革命性新技術相關知識與技術的人才，具有較高的競爭力。後續的成員培訓將成為問題。
技術研發	○	○	○	○	在業界以外也有許多人運用的技術研發日趨發展，有關此領域的研究環境也已成熟。未來也會繼續強化研發環境。
資金調度	×	×	×	×	有關資金調度的技術或知識不足。除了學習外，當務之急是留住擅於資金調度的人才，或尋找合作夥伴。
製造	○	○ 2	△	△	製造方式在業界算新，富有競爭力，但競爭對手若想模仿，也不是做不到，因此長遠來看，很難稱得上強項。
物流	×	×	×	×	缺乏物流優勢。當務之急是檢討與實施降低成本的策略，或思考新的流通方式。
企畫	○	○	○	△	公司有許多擅長解決問題、主動積極的人才，因此企劃能力很高。但缺點是不擅與公司外部的人合作。
銷售	△	○	△	△	目前技術與產品都很獨特，因此稀有性很高，也有許多網路訂單，但缺乏傳統的業務行銷能力。
服務	○	△	○	×	周到的售後服務是業界首屈一指，但相對需要高成本，因此必須策畫如何降低成本。

基本概要

一間企業是否能保有競爭優勢，取決於其擁有的經營管理資源，以及運用該資源的能力——這就是「資源基礎觀點」（Resource-Based View, RBV）。而分析經營管理資源和運用該資源之能力的方法，就是「VRIO 分析」。

所謂的經營管理資源，就是自身公司所擁有的技術、研發能力、業務行銷能力、人才、品牌、公司傳統等企業在提供其價值時所需的各種資源。我們會從「Value」（經濟價值）、「Rarity」（稀有性）、「Inimitability」（不可模仿性）以及「Organization」（組織）這四個面向切入，針對資源蒐集資料、評分，並檢討未來的方針。假如不清楚自身公司擁有什麼資源，請參考價值鏈分析（請參照→20）。

使用方法

1 [設定資源]：列出欲分析的資源。

2 [替資源評分]：依循 VRIO，針對每個資源蒐集資料並評分。下列問題可以幫助判斷。

經濟價值（V）	擁有此項資源，是否就能掌握機會？是否可以削弱競爭對手的優勢？是否可以躲開威脅？
稀有性（R）	擁有此項資源或善加運用此項資源的企業是否很少？
不可模仿性（I）	競爭對手若想獲得此項資源，是否需要付出高成本？此外，若保有此項資源，是否在成本付出上較不利？
組織（O）	是否具備可以有效運用資源的體制（組織架構、規範、制度、運用流程等）？

3 [決定未來的走向]：評分完畢後，再整理對策的未來方向，如：「強化哪項資源可以提升競爭力？」、「未來要如何強化各項資源？」

促進思考的提問

Q. 提到自身公司的資源，第一個想到什麼？

Q. 可以具體舉出哪些資源的例子？

Q. 要加強優勢還是補足弱點？

Q. 有尚未充分運用的資源嗎？

CHECK POINT

- ☑ 自身公司所擁有的資源皆已視覺化
- ☑ 已掌握自身公司的競爭優勢
- ☑ 已確認競爭對手擁有的獨特資源

12 SWOT 分析

掌握自身公司的優勢與弱點

	好影響	壞影響
內部環境	1（S） 1. 使用當地新鮮食材 2. 主要提供日式料理，但也能視需要供應義式或法式料理 3. 建築物落成至今 1 年，外觀與內裝都很新 4. 停車場很大 5. 許多客人是因口耳相傳的介紹而來	（W） 1. 開店至今尚未滿 1 年，知名度不足 2. 缺乏吸引回頭客的措施或制度 3. 翻桌率過低 4. 離車站太遠 5. 沒有與同集團的其他企業合作
外部環境	（O） 1. 店面所在位置不是住宅區，而是商業區 2. 周邊有大學，也有許多婚宴會館 3. 經常舉辦聯誼或婚友活動 4. 正值日式料理潮流 5. 簡約的婚宴可能成為未來主流	（T） 1. 與婚宴會場合作的續攤聚會增加 2. 接待文化式微 3. 人們的飲食習慣逐漸從外食轉為自己在家下廚 4. 低價位餐廳增加 5. 重視成本的客人逐漸轉為選擇在連鎖店用餐

基本概要

SWOT 分析是分析自身公司周圍環境，進而掌握公司優勢與弱點的框架。首先製作以「好影響⇆壞影響」、「內部環境⇆外部環境」這兩個主軸構成的矩陣圖，再針對「優勢」（Strength）、「弱點」（Weakness）、「機會」（Opportunities）、「威脅」（Threats）等四個象限進行分析。

內部環境除了「人力」、「物力」、「資金」等資源，也包括經驗、資料庫等自身公司擁有的因素。相對地，外部環境則是世界潮流、業界動向或新聞等圍繞在自身公司周邊的因素。這款框架的特徵，就是從「內部與外部」、「正面與負面」這兩個面向進行觀察分析。若想使用 SWOT 分析的結果進一步檢討未來策略，請接著進行交叉 SWOT（請參照→34）。

使用方法

準備 [決定分析對象]：決定要分析自身公司整體，還是針對公司內的某項業務進行 SWOT 分析。

1. [列出資料]：思考相當於「優勢」、「弱點」、「機會」、「威脅」的因素，想到什麼就寫下什麼。建議使用便利貼或白板來進行，以方便後續整理。

2. [整理]：整理列出的內容，補充不足的部分。有時可以省略重複或較不重要的因素，但最重要的是將列出的因素歸類至「好影響或壞影響」。列出的因素對自身公司來說是正面還是負面，會隨自己設定的基準而異。

3. [調整內容]：請第三者給予客觀回饋，再調整內容。SWOT 分析不但能分析自身公司，也可以藉由分析其他公司並加以比較，進行更準確的分析。

促進思考的提問

- Q. 自身公司在業界的排名？
- Q. 對其他公司來說壓力太大，但自身公司卻能輕鬆做到的是什麼？
- Q. 是否在不知不覺中早已全心投入某事？
- Q. 公司員工在同年紀的朋友面前最自豪的是什麼？

CHECK POINT

- ☑ 已掌握自身公司的優勢與弱點
- ☑ 已確認每個因素屬於「好影響」或「壞影響」的原因
- ☑ 已掌握機會與威脅

STEP 2

分析客戶

站在客戶的角度，洞悉客戶

「提供什麼產品給什麼人」是最基本的商業問題。這個步驟會說明針對「產品提供對象」的資料蒐集與分析方法。這種一般稱為「客戶分析」的方法，會以兩種不同的視角來進行分析，一種是分析平常使用自身公司產品或服務的客戶是什麼類型，另一種是分析他們是透過什麼管道接觸到自身公司產品．服務的。

我們的客戶是誰？

在以第一個視角——「自身公司的客戶是誰？」進行分析之前，請先想想看你是否能回答下列問題。

- 對你的公司而言，客戶是什麼樣的人？
- 客戶造訪你的公司，是因為有什麼樣的煩惱？
- 客戶是透過什麼管道知道你（或你的公司），並主動上門？

假如無法回答這些有關客戶的問題，就代表你尚未精準掌握客戶的型態，因此無法站在他們的角度來思考。這時，我們應該從定量、定性兩種方向來將客戶相關資料視覺化。

首先用「帕雷托分析」、「RFM 分析」來分析客戶的狀況，再透過「人物誌」和「同理心地圖」來蒐集、整理客戶的個人資料。讓我們靈活運用各種方法，加深自己對客戶的理解吧！

分析客戶行為時，不能只看點，必須同時注意面和線

下一步是分析客戶接觸到自身公司產品・服務的過程。

這時必須留意的重點是「客戶的行動並非一個點，而是一條線」。客戶在體驗自身公司的產品・服務前後，都會有些行動，假如只看購買行為發生的當下，便無法掌握客戶需求。

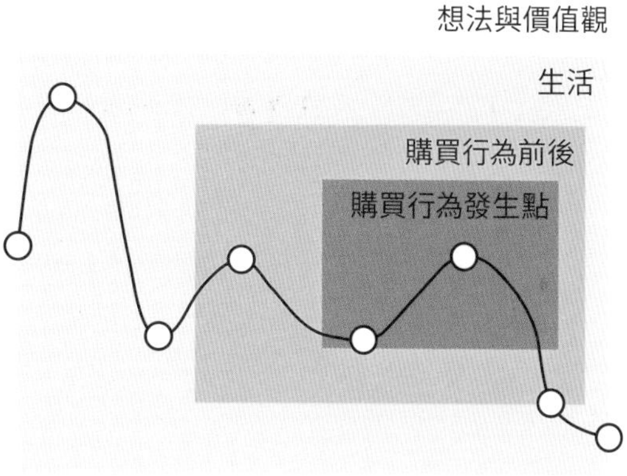

此外，客戶在從「認知」到「行動」之間，會經過一些心理階段。「還算滿喜歡」和「下定決心要購買」的狀態，無論是感受、想法和需求都有所不同。正因為客戶的心理狀態會變化，企業所應提供的價值也應該隨心理狀態而改變。

為了設計出有效的策略而需要的客戶資料可大分為兩種，一種是關於生活型態（價值觀、興趣、生活方式等）的資料，另一種則是在各心理階段有什麼感受、需求，以及採取何種行動等資料。蒐集這些資料並加以分析，是不可或缺的工作。當各位在使用本步驟後半部介紹的框架時，請特別留意客戶的「心理」。

資料很重要！但不能光憑資料就做判斷

在實際進入分析之前，我想請各位將一件事放在心上。在進行分析時，定量資料是絕對必要的。另外，在這個可以透過網路輕鬆獲取各種數值的時代，分析資料儼然已成為達到目標的關鍵。話雖如此，事實上還有很多東西光靠數字看不出來，能否掌握數字背後代表的意義也同等重要。

請別忘了在現場實際觀察客戶、聽取客戶意見的時光，以及自己親身使用服務後的感受等「活」的資料。

13 帕雷托分析

將客戶的整體狀況及最有貢獻的客戶視覺化

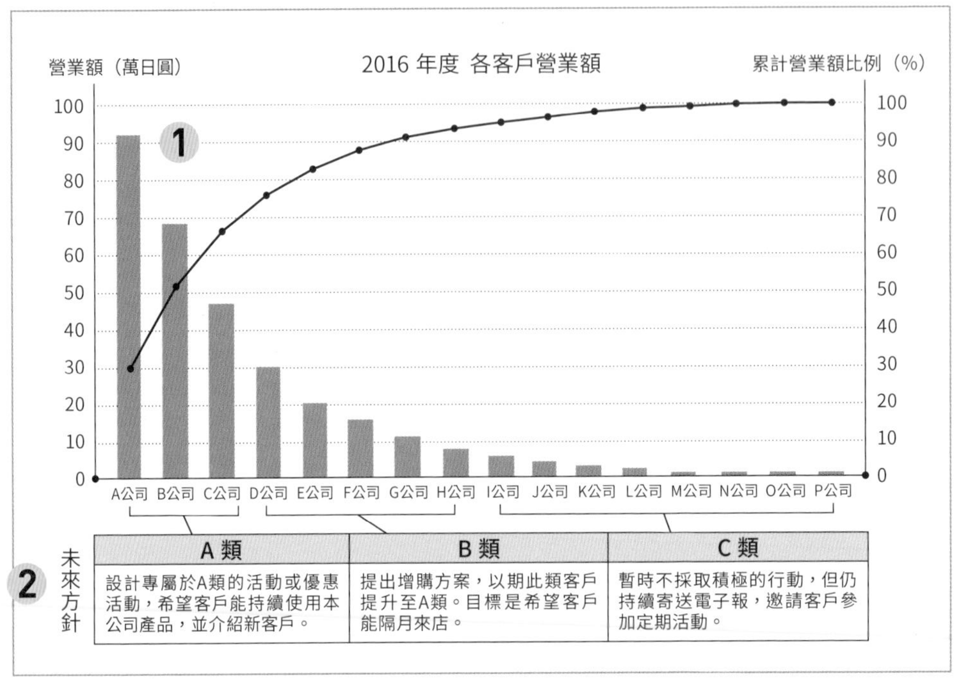

基本概要

由少數人（因素）影響整體大部分的現象，稱為「帕雷托法則」（Pareto principle），例如客戶與營業額的關係、業務員與簽約金額等。利用這個概念，思考「對自身公司最有貢獻的因素為何？」、「資源應該如何分配？」等問題的框架，就是「帕雷托分析」。

當我們想做出利用有限資源獲得最大成效的決策，這個框架可以幫助我們找出判斷的依據。除了行銷、拓展業務，也可以應用在分析客訴或不良率，以構思對策的時候。

使用方法

1 **[蒐集資料，將其製成圖表]**：整理每個客戶的營業額，製作成圖表。這個步驟是以 Excel 進行。

2 **[分類後，思考未來的方向]**：整理好數字後，再將客戶分類，以構思未來方針。分析每一類的特徵與共通點，思考未來方向。原則上，將資源挹注在位階較高的類別，性價比也會比較高。

補充 **不要只用一個角度來思考貢獻的多寡**

並非每一個貢獻較少的因素都應該捨棄，因為這些因素可能對分析項目之外的事有所貢獻。例如，即使是營業額較低的客戶，只要數量夠多，就能成為公司的實績，替公司贏得社會大眾的信賴。此外，客戶數量一多，蒐集資料的能力也會提升。在策畫方針時，請格外留意這些從數字較難看出的面向，慎重做出決策。

促進思考的提問

- 目前資源的分配方式是有計畫的嗎？
- 將所有客戶一視同仁正確嗎？
- 位階較低的客戶真的就是不需要的嗎？
- 目前構思的方向是否具有未來性？

CHECK POINT

- ☑ 評分項目（客戶、產品、負責人、營業額、銷售數量等）確實符合目的
- ☑ 已掌握客戶中的 No.1（位階較高的客戶）
- ☑ 有意識地進行分類

14 RFM 分析

分析客戶資料，鎖定優良客戶

客戶名稱・ID	R：最後購買日	F：購買頻率	M：累計購買金額	分數 R	分數 F	分數 M	分數 總計
xxx-xxx1	2017/12/28	8	30,000	5	3	3	11
xxx-xxx2	2017/03/26	1	40,000	1	1	3	5
xxx-xxx3	2017/12/02	25	70,000	4	4	4	12
xxx-xxx4	2017/07/10	14	20,000	[illegible]	[illegible]	[illegible]	8
xxx-xxx5	2017/05/05	7	8,000	1	3	1	5
xxx-xxx6	2017/12/11	40	120,000	4	5	5	14
xxx-xxx7	2017/12/29	42	130,000	5	5	5	15
xxx-xxx8	2017/09/23	4	9,000	2	2	1	5
xxx-xxx9	2017/10/03	18	20,000	3	4	2	9
xxx-xx10	2017/11/24	21	50,000	3	4	3	10

1　2　SS 級客戶優先接觸

※分數　15～13：SS 級 / 12～10：S 級 / 9～7：A 級 / 6～4：B 級 / 3～1：C 級

基本概要

「RFM 分析」是篩選出優良客戶並加以分類的分析方法，適用於想配合客戶的狀況或特性實施行銷策略時。

具體而言，是以「Recency」（最後購買日）、「Frequency」（購買頻率、累計購買次數、「Monetary」（累計購買金額）等三個項目作為切入點，將客戶加以分類・分析。

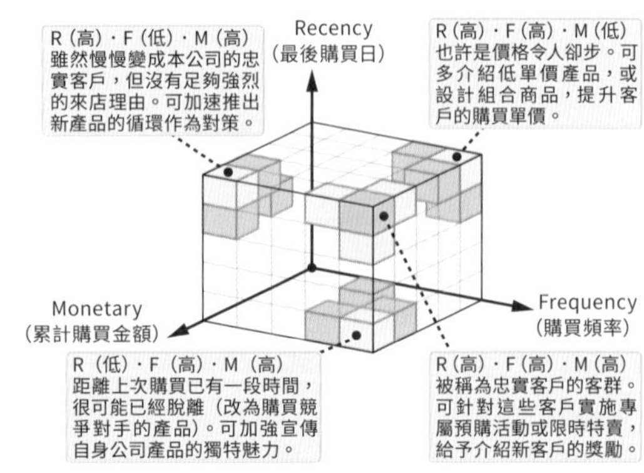

R（高）・F（低）・M（高）
雖然慢慢變成本公司的忠實客戶，但沒有足夠強烈的來店理由。可加速推出新產品的循環作為對策。
Recency
（最後購買日）
R（高）・F（高）・M（低）
也許是價格令人卻步。可多介紹低單價產品，或設計組合商品，提升客戶的購買單價。
Monetary
（累計購買金額）
Frequency
（購買頻率）
R（低）・F（高）・M（高）
距離上次購買已有一段時間，很可能已經脫離（改為購買競爭對手的產品）。可加強宣傳自身公司產品的獨特魅力。
R（高）・F（高）・M（高）
被稱為忠實客戶的客群。可針對這些客戶實施專屬預購活動或限時特賣，給予介紹新客戶的獎勵。

使用方法

準備 **[評分欄的定義與指標化]**：根據分析目的，設定 RFM 各項目的定義和分析期間，同時將各評分欄設定成能以數字評分的指標，以利後續分類。

	R：最後購買日	F：購買頻率	M：累計購買金額
分數：5	曾在 1 週內購買	31 次以上	10 萬日圓以上
分數：4	曾在 1 個月內購買	30 次以下	7 萬日圓以上
分數：3	曾在 3 個月內購買	10 次以下	3 萬日圓以上
分數：2	曾在半年內購買	5 次以下	1 萬日圓以上
分數：1	曾在 1 年內購買	僅 1 次	未滿 1 萬日圓

1 **[蒐集並整理資料]**：將蒐集完畢的客戶營業額資料輸入調查表單。在客戶一覽表中填入 RFM 的各項數值，算出總分。

2 **[分類後，檢討後續策略和戰術]**：算出分數後，根據目的將客戶分類。可依據 RFM 的總分來分類，也可以將重心放在特定欄位或等級上，進行分類。分類完畢後，針對各類別思考未來努力的方向，設計具體策略和戰術。

促進思考的提問

- 有沒有最近不再看見（已脫離）的客戶？
- 提到「老客戶」，你第一個會想到誰？
- 分數較高的客戶所認同的價值是什麼？
- 該如何把分數較低的客戶變成忠實客戶？

CHECK POINT

- ☑ 已找出潛在的優良客戶（RFM 各項目分數都很高的客戶，有很大的可能成為優良客戶）
- ☑ 已鎖定 RFM 中較容易獲得改善成效的因素

15 人物誌

使目標更明確，詳細掌握目標

1

姓名	田中佳子	家庭成員	夫、女兒 1、兒子 1 （女兒就讀小學四年級，在學鋼琴；兒子就讀小學二年級，在學棒球）	視覺印象
性別	女性	居住地	東京都中野區	
年齡	41 歲	興趣	旅行、瑜伽、 四處造訪咖啡廳	
職業	保險公司 業務員	假日休閒活動	在家教人瑜伽、 陪小孩學習才藝	
收入	年薪 600 萬 日圓	喜歡的雜誌與媒體	女性流行雜誌、 家飾用品雜誌	

主要負責工作	白天四處跑業務，早上和傍晚製作資料和開會。原則上週六、週日休假，但有時會臨時有工作。	正在挑戰的事物	正在學習促進身心健康的技術和感興趣的事物，如瑜伽、健康料理等。
煩惱	對工作很滿意，但沒有自己的時間。希望有更多時間與孩子同學的媽媽交流、和自己的朋友聚會。願意做有關促進身心健康的投資。	搜尋（聯想）關鍵字	簡易食譜、料理相關書籍、正念、能量景點、有機、輕鬆做家事、美容塑身等。

基本概要

「人物誌」（Persona）是以文字描寫使用自身公司產品．服務之最具代表性客戶的方法。除了年齡、性別等基本資料，也會蒐集並整理客戶過什麼樣的生活、平常接觸哪些資訊、有什麼想法或感受等資料。

設定人物誌的目的通常有兩個。第一是為了深入了解目標客戶。想準確打中客戶需求，就得站在客戶的立場，理解客戶所處的狀況和心理。

第二個目的，則是減少負責企畫的同仁之間對目標想像的落差。倘若每個人想像的目標形象皆有所差異，那麼工作的每個面向也都會產生些微落差，而人物誌可以縮小這個落差。

使用方法

準備① [挑選目標人物]：篩選出作為目標的客戶，設定人物誌。請找出一位特定的客戶來進行設定（可以設定許多人物誌無妨，但在製作一份人物誌時，請鎖定一名客戶）。

準備② [進行調查]：對當事人或其身邊的人進行訪談、問卷調查或觀察，蒐集資料。應蒐集的資料除下列範例，亦可視需要增加其他項目。

例 應蒐集的資料

姓名、性別、年齡、家庭成員、居住地、職業、收入、興趣、假日休閒活動、喜歡的雜誌與媒體、主要負責工作、正在挑戰的事物、煩惱、搜尋關鍵字等等。

2 [整理資料]：資料蒐集完畢後，便可寫下人物概況加以整理。有些人會採用工作坊的形式，先寫出人物概況（也就是省略2）；使用這種方式時，可在最後進行調查，確認人物概況是否正確。無論如何，我們必須在反覆驗證假設的過程中不停修正人物概況。請反覆進行2和1這兩個步驟。

促進思考的提問

- 你能針對目標人物舉出十項你所知道的事情嗎？
- 目標人物想要過什麼樣的人生？
- 你可以舉出三個目標人物的特徵嗎？
- 目標人物感到自卑和自豪的體驗是什麼？

CHECK POINT

- ☑ 已充分文字化，足以具體勾勒出人物的形象
- ☑ 不只想像，也實際觀察客戶、進行了訪談（有事實根據或資料）

16 同理心地圖

掌握目標身處的狀況與心情

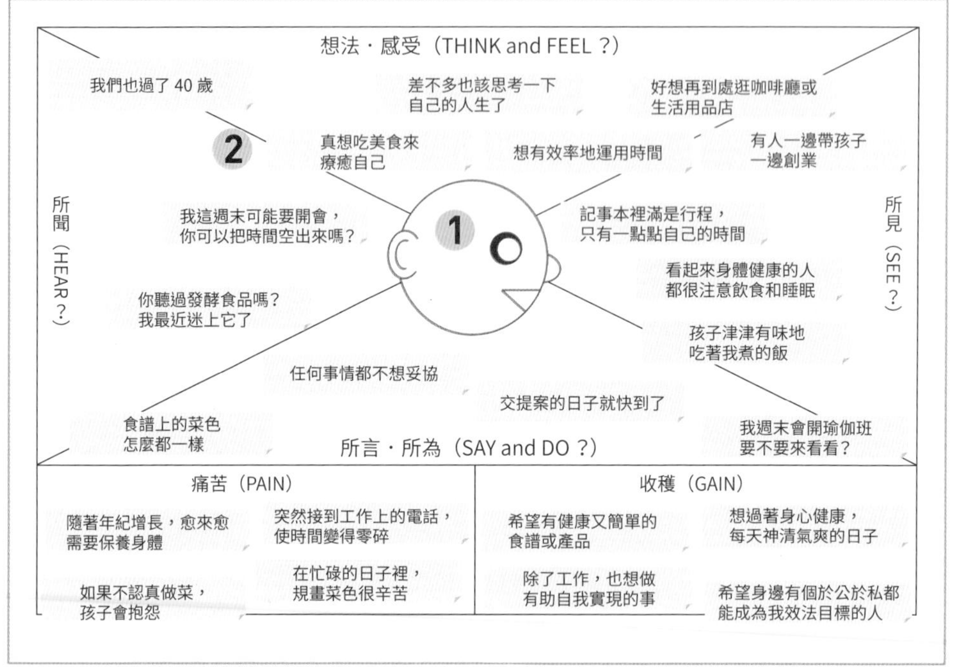

基本概要

「同理心地圖」（Empathy Map）是用來理解人物誌（請參照→15）所處的狀況或情緒的方法之一。它有助我們在分析目標或設計行銷策略時，擁有更具體的概念，同時縮小團隊成員對目標人物的認知落差。

可以透過工作坊的形式提出假設的同理心地圖，也可以將實際的分析資料詳細填入。但無論採用哪種方式，都應該以同理心地圖為基礎，繼續透過訪談或觀察等方式蒐集資料，使資料更加完整。

使用方法

1 [設定對象]：設定目標人物。此時可以在中央的臉上寫下名稱或簡單的描述，也可以直接貼上相片或圖片。

2 [列出因素]：參考下列項目，將目標人物在日常生活中接觸到哪些資訊、有什麼感受與想法全部列出並整理。先想到什麼就寫什麼，之後再補上實際調查後得到的資料。

所見	生活中看見的東西、遇見的問題、接觸的人或產品・服務等
所聞	從身邊的人們聽到的聲音、從媒體聽到的資訊等
想法・感受	感情、想法、放在心中無法說出口的話
所言・所為	有什麼樣的發言、行動、舉止等
痛苦	會成為障礙、風險、壓力、恐懼等的因素
收穫	期盼、欲望、需求、自己設定的成功標準等

促進思考的提問

關於目標人物，你知道多少？

會對目標人物的感官帶來刺激的是什麼？

有在其他人的生活中不曾出現的資訊嗎？

目標人物的生活中有沒有關鍵人物？

CHECK POINT

- ☑ 製作者（框架使用者）已拋開既有的認知
- ☑ 能同理寫出的目標人物（內容具體到可以感同身受）
- ☑ 可以想像目標人物的一天

17 客戶體驗旅程圖

分析客戶從認知到採取行動的過程

1	認知	蒐集資料	思考比較	購買試用品	簽訂定期方案契約
接觸點	Instagram 搜尋引擎 網站	匯集資料的網站 部落格文章 電子書	部落格文章 影片	電商的產品頁面 試用品申請頁面 Q&A 頁面	產品 簡介 電商的產品頁面
2 行動	在 Instagram 上看見有關發酵食品的貼文。 ↓ 確認主題標籤(hashtag)。 ↓ 看見許多使用發酵食品製作的餐點相片或貼文。	為了查詢發酵食品的基礎知識和發展趨勢，看了許多產品網站以及分析比較的文章。 ↓ 下載電子書，確認發酵食品一覽。	搜尋發酵食品食譜。 ↓ 看部落格和影片。 ↓ 訂閱影片頻道，定期收看。	在產品頁面確認價格和詳細產品內容。 ↓ 研究試用品、退款制度，以及看網友評價。 ↓ 申請試用品。	實際使用單買的試用品。 ↓ 閱讀和試用品一起寄來的簡介。 ↓ 在官方網站產品頁面訂購定期方案。
3 心理狀況	↑好像很健康。如果很簡單的話，我也想試試看 ↓很可能會嫌麻煩，最後只有三分鐘熱度	↑似乎真的很健康。產品種類好像很豐富 ↓種類太多，不知道該嘗試哪種好	↑適合配飯的菜色看起來很方便 ↓已經忙到沒時間，要是很費工的話就不想做了	↑可以輕鬆變化，不會弄髒盤子這點很棒 ↓定期方案雖然很方便，但如果不合口味就很討厭	↑每個月定期送貨到府真方便 ↓會不會在定期方案還沒結束前就吃膩了？
4 需求	發酵食品究竟是什麼？	從什麼開始嘗試才好？挑選的基準是什麼？	有沒有簡單一點的食譜？	想實際吃吃看(想試用看看)	想多知道一些變化

基本概要

「客戶體驗旅程圖」（Customer Journey Map）是用時間序列將目標人物在購買自身公司的產品．服務之前的體驗過程以圖示呈現出來的方法。它可以讓我們站在客戶視角，掌握他們達到目標前的感受與行動。除了客戶分析，也可應用在行銷策畫或產品研發等各層面。

在寫下客戶的體驗過程並加以整理的過程中，最重要的是將客戶各階段心理狀態中的負面因素視覺化。因為只要設計出能克服該負面因素的方法，讓客戶順利進入下一個階段，就能使行銷策略成功。分析完畢，就要開始具體思考能滿足客戶心理狀態和需求的方法。

使用方法

1 [寫下體驗過程]：將目標人物的體驗過程大分為幾個階段，逐一列出。先設定目標（在左頁範例中是「簽訂定期方案契約」），再寫出到達這個目標前的過程，便能貼著主軸完成整理。

2 [寫下行動與接觸點]：仔細寫下目標人物在各階段的行為與當時的接觸點（touch point）。

例 接觸點
網站、部落格、App、預約系統、門市、人、傳單、折價券等

3 [寫下心理狀況]：寫下目標人物在各階段的感受、想法等心理狀態。通常會有正面與負面心理並存，重要的是不能遺漏負面因素。

4 [寫下需求]：寫下目標人物想要的東西、事情、資料或目前的煩惱。分析完畢後，下一步就是具體思考能滿足此需求的方法。

促進思考的提問

Q. 你能不能敘述客戶的體驗？

Q. 該如何蒐集負面心理狀況的實例？

Q. 客戶在想什麼？

Q. 換作是你，會有什麼感受？

CHECK POINT

- ☑ 客戶在一連串過程中做出判斷的時間點和判斷的重點，皆已視覺化。
- ☑ 體驗過程是連續的，沒有跳躍。

STEP 3

分析競爭對手

競爭對手是誰？透過了解競爭對手來了解自身公司

這個步驟將介紹分析競爭對手的框架。競爭對手就是透過直接或間接方式與自身公司針對相同目標提供價值的組織。思考自身公司想達到的位階時，競爭對手的資料是不可或缺的。在這裡，我們一樣會從「對自身公司而言，競爭對手是誰？」以及「競爭對手在做些什麼？」兩種視角來進行分析。

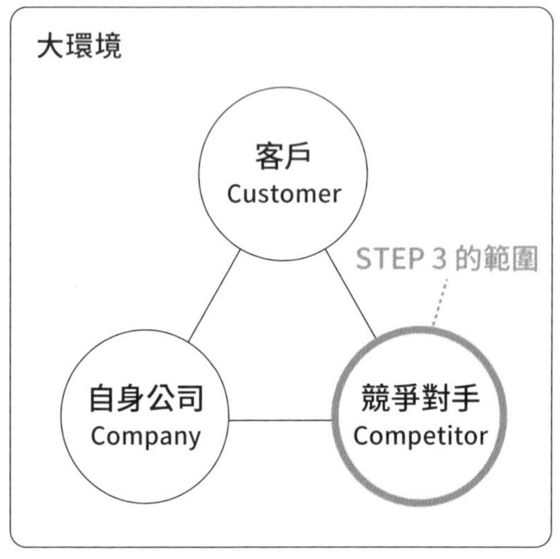

分析的目的為何？

之所以分析競爭對手，固然是為了知悉競爭對手的策略、優勢和弱點，但事實上還有比上述更重要的目的，就是「藉由分析競爭對手，來掌握自身公司應該做些什麼」。只要知道現在誰在做什麼、沒做什麼，就能明確掌握自身公司現在應該做的事。

以產品研發為例，我曾看過都已經把腦中的點子化為產品・服務，開始投入製作了，才透過網路分析競爭對手，想辦法在行銷和宣傳上與對方做出區隔的例子；這樣的順序完全顛倒了。一般自然的流程，應該是先掌握目前有誰正在做什麼等資料，並考慮時代是否適合，接著決定自身公司接下來的大略走向，再思考具體的策略。

實際分析競爭對手時，首先必須「明確掌握競爭對手是誰」。請先整理出競爭對手一覽，再逐一深入探究。

分析競爭對手時，應將調查項目拆開思考

如前所述，進行分析時最重要的關鍵，是將構成分析對象的因素加以拆解，鎖定調查項目或調查目的；在分析競爭對手時也一樣。請把競爭對手的經營資源和營運過程拆解開，分別檢視其整體和各個部分。

右圖為「價值鏈」（Value Chain），是可將企業提供給客戶的價值連鎖視覺化的框架。在這個框架裡，我們會將直接對客戶提供價值的「主要活動」與支援主要活動的內部「支援活動」分開思考。

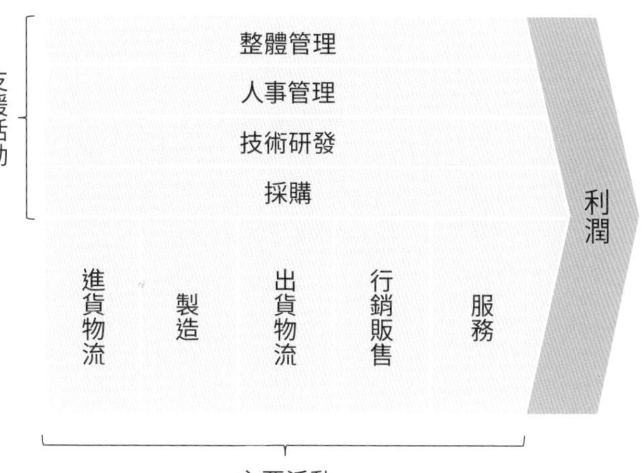

我們會分析在競爭對手的事業中，屬於主要活動的「進貨物流」、「製造」、「出貨物流」、「行銷販售」、「服務」等各項活動，是以什麼樣的流程進行？在每個活動中，具體又實施了哪些策略？應用價值鏈所進行的分析，稱為「價值鏈分析」，詳情容後詳述。此外，接下來還會利用分析事業核心，也就是「將什麼內容（提供）給什麼對象」的「4P＋提供內容與對象分析」、分析「其他公司無法模仿的資源」的「核心能力分析」等框架，逐步分析競爭對手持有的資源。

這個步驟所介紹的分析競爭對手的框架，如果用在自身公司，就能成為分析自身公司的工具。請靈活運用各種框架，自行思考哪些項目必須分析，而為了分析這些項目，又應該採取何種分析手法才適當。

18 4P 分析

分析競爭對手的行銷策略

1 產品 Product	・由設計公司提供之製作資料服務 ・針對想將業務資料或企畫提案外包的企業
2 價格 Price	・A 方案：100,000 日圓／月（工作量在 10 小時內） ・B 方案：300,000 日圓／月（工作量在 50 小時內）
3 通路 Place	・客戶幾乎全是從網路得知〔搜尋引擎最佳化〕 ・以大阪為據點，在關西地區會以傳統方式推廣業務
4 促銷 Promotion	・以公司媒體提供有關製作資料或節省時間的 know-how ※在製作資料相關的關鍵字搜尋排名中占據大多數 ・經營線上學習社群

基本概要

「4P 分析」是透過「產品」（Product）、「價格」（Price）、「通路」（Place）、「促銷」（Promotion）等四個因素分析或設計行銷策略的手法。

設計自身公司的行銷策略時，可以與 STP（請參照→35）結合，檢討要用什麼方法、提供什麼東西、給什麼人。分析其他公司時，則應確認每一項因素，找出該公司的意圖與自身公司的競爭優勢。

在四個因素中，最多樣化的是 Promotion。包括行銷、宣傳、品牌策略、社群經營等，每種手法都已受到徹底的研究，並廣泛地被混合應用。在找出自己擅長的方法的同時，也應該掌握趨勢。

使用方法

1 [確認產品]：確認競爭對手推出之產品・服務的相關資訊。蒐集「對方提供什麼樣的產品・服務？」、「有什麼特徵？」、「最受歡迎的部分是什麼？」等資料。

2 [確認價格]：確認競爭對手之產品・服務的價格。除了產品單價，也要調查整體的價格區間，以及組合商品等套組策略。此外，如果能和業界整體的行情做比較，就更容易掌握競爭對手在業界的定位。

3 [確認通路]：確認競爭對手提供產品・服務給客戶時所用的通路相關資料。應蒐集的資料包括門市所在位置、是否提供配送服務、有沒有電子商務平台、客戶在哪裡得知該產品・服務、在哪裡購買等。

4 [確認促銷]：確認競爭對手為了讓客戶接觸其產品・服務，採用哪些策略。應蒐集的資料包括促銷活動、廣告、行銷、宣傳、與使用者的溝通管道和溝通頻率等。

促進思考的提問

Q. 何謂行銷？

Q. 暢銷產品的共通點是什麼？

Q. 一般價格行情是多少？

Q. 促銷手法的趨勢是什麼？

CHECK POINT

- ☑ 已徹底理解競爭對手行銷策略的著力點（特徵）
- ☑ 已將競爭對手的成功因素・失敗因素視覺化
- ☑ 已確認不只一間競爭對手

19 4P＋提供內容與對象分析

大致整理各競爭對手的策略

	1 自身公司	競爭對手 A	競爭對手 B	競爭對手 C
對象（目標）	30～49 歲 高標準的女性	16～25 歲 以大學生為主的年輕人	20～39 歲 經濟獨立的獨居女性	30～49 歲 媽媽（主婦）
內容（提供的價值）	適合講究高品質客戶的精選商品	符合最新潮流的穿搭	2 成為率性女性的元素	全職媽媽的時尚生活
產品 Product	精選國外時尚單品	大量推出符合潮流的產品	展現女強人特質的時尚單品或相關產品	注重功能性的時尚單品
價格 Price	比市價稍高一些	多為低單價產品。可從網路訂購	主打中價位產品	大部分產品的單價都略低於市價。 採用紅利點數制度
通路 Place	國外產品和流行趨勢是強項	與許多名牌合作，進貨能力強	門市位在車站出口，宣傳能力強	設置移動型的簡易商店。也會與大賣場合作
行銷 Promotion	定期發行免費流行資訊報	擁有自己的大型媒體。具有網路集客能力	邀請網紅舉辦講座	與當地的媽媽社群合作

基本概要

「4P＋提供內容與對象分析」是用於以行銷觀點調查競爭對手時的框架。這個框架針對六個項目蒐集資料並進行分析，也就是 4P（請參照→18）所包含的「產品」、「價格」、「通路」、「行銷」之外，再加上「對象」（目標）與「內容」（提供的價值）。在調查這六個項目的過程中，也可以檢討自身公司應採取什麼定位。

另外，在這六個項目中的「內容」（提供的價值），並非指肉眼可見的產品．服務，而是企業在本質上提供客戶的價值或對策。例如，咖啡廳提供的咖啡是「產品」（Product），而「一個可以放鬆的空間」則是更根本的價值，也就是這裡所說的「內容」。

使用方法

1 [設定調查對象]：挑出欲分析的競爭對手並填入表單。也可加入自身公司，製成自身公司與競爭對手的比較表（參照左頁範例）。

補充 **這時最重要的是，明確訂出挑選調查對象的基準和範圍**
在左頁的範例中，分析對象是服飾選貨店（select shop）。除非有特殊意圖，否則請避免設定過於抽象的基準。要否，假如設定了類似「鎖定女性客群的零售服務業」這樣的基準，那麼調查內容將會出現很大的落差，對分析毫無助益。請明確地掌握自身公司的定位，設定一個可蒐集到所需資料的範圍即可。

2 [進行調查、整理資料]：分析對象整理完畢後，便可調查各項目的資料，包括客戶訪談、風評調查、現場（門市或設施）觀察、產品款式、促銷商品或廣告等。有關從外部難以掌握的資料，可以親自去體驗競爭對手的行銷策略。

促進思考的提問

- 目前業界的勢力分配為何？
- 其他公司有沒有令你感動的產品・服務？
- 客戶是否感到滿意？為什麼？
- 公司要如何才能成為業界No. 1？

CHECK POINT

- ☑ 主要的競爭對手都已挑出，沒有遺漏
- ☑ 包括親自走訪現場掌握的資料
- ☑ 已大致掌握各競爭對手的行銷策略

20 價值鏈分析

拆解並分析事業的營運程序

	1 進貨物流	製造	出貨物流	行銷販售	服務
小程序①	選定材料．零件 具備挑選材料所需的豐富知識	零件加工 可承接小規模加工訂單	配送與管理 擁有多個大型倉庫，可管理大量庫存	宣傳廣告 預算充足，具備善用媒體廣告的知識	客服 除了現場和電話，網路上也有 Q&A 網站
小程序②	2 配送 沒有特別的優勢	組裝 可快速自動化大量生產與組裝	配送至門市 產品在各分店之間流通，取得平衡	門市的產品陳列 在產品陳列、擺設上花心思	售後服務 提供業界首屈一指的售後服務
小程序③		品管 具有品管技術與體制相關之專業知識		產品說明 由專門負責解說的店員向客戶仔細說明，亦可當場體驗	
小程序④				付費方式 原則上接受各種付費方式，亦可貸款	

基本概要

有關「價值鏈」這個將企業提供客戶的價值連鎖（關聯）視覺化的方法，我已經在前面大致說明（參照 STEP 3 說明）。活用價值鏈，分析自身公司與其他公司的方法，就是「價值鏈分析」。將各活動分開思考，便能仔細分析競爭優勢和每個活動的成本與貢獻多寡。

價值鏈分析有各種形式，本書主要著眼於價值鏈中的「主要活動」，為你介紹分析競爭對手活動的框架。首先分割主要活動，把各活動分解成下一階層的「小程序」，再分析每個活動的特徵和帶來競爭優勢的因素。

使用方法

1 [將價值鏈視覺化]：分析的第一步是掌握價值鏈。由於每個業界的價值鏈都不同，我們必須將自身公司所屬業界的主要活動部分加以視覺化（左頁為製造業的範例）。

例 通訊業與零售業的價值鏈

通訊業	設置硬體	推銷	簽約	服務	付費	追蹤
零售業	設置硬體	進貨	宣傳	門市配合	銷售	追蹤

2 [蒐集資料與分析]：深入挖掘各活動的程序。蒐集細分後的活動程序名稱和該活動之內容與特徵的相關資料，並加以整理。如果想一次比較多個企業，可以簡潔整理出各活動程序的特徵，製成一覽表。

促進思考的提問

Q. 提供價值的活動中，客戶最在乎程序？

Q. 屬於同一業界，但價值鏈不同的企業有哪些？

Q. 較易展現出獨特性的活動程序是什麼？

Q. 被選為分析對象的企業如果消失了，會對誰造成什麼樣的困擾？

CHECK POINT

- ☑ 已掌握業界的價值鏈
- ☑ 已掌握各活動特別花心思的地方和所需的成本
- ☑ 已整理出每個競爭對手的特徵

21 核心能力分析

了解其他公司的強項，分析自身公司獨特的優勢

	2	自身公司	A公司	B公司	C公司
1 產品能力	產品・服務研發數	40	80	40	40
	研發速度	50	70	50	40
	產品市占率	40	70	50	30
企畫能力	研究能力	60	60	50	60
	計畫能力	70	40	50	70
	培養客戶能力	80	30	40	70
業務能力	業務員人數	30	40	60	80
	企畫提案能力	60	50	70	80
	客戶名單數	60	60	80	70
支援能力	客服人數	60	40	60	50
	後續追蹤能力	80	30	70	60
	客戶滿意度	70	50	50	60
綜合得分		700	620	670	710

3

基本概要

「核心能力（Core Competence）分析」是用於分析「在提供價值給客戶的能力當中，其他公司無法模仿的核心能力」的框架。也就是透過與競爭對手的比較，分析出「其他公司無法模仿的強項」。

在上述範例中，我將「產品能力」、「企畫能力」、「業務能力」、「支援能力」設定為大項目後，再往下細分，共計使用十二個項目來分析。核心能力分析鎖定「提供客戶價值的能力」的相關因素，其他如「遠距工作制度讓員工可以一邊帶小孩，一邊發揮長才」、「擁有完善的實習制度」等內部強項，即使是企業價值之一，也不列入核心能力分析。

使用方法

1 [設定分析項目]：在最左列填入分析項目。盡量設定可數值化的定量項目，之後的調查、分析便能進行得更順利。

2 [設定調查對象]：設定調查對象。在第一列填入自身公司，在第二列之後填入競爭對手，製作成一覽表，就能輕鬆比較。設定調查對象時，通常會有直接競爭對手、間接競爭對手、相關企業等多個選項，請自行挑選符合分析目的的公司。

3 [進行調查]：實際蒐集資料並分析。如果是由多名成員一起進行，請事先協調評分標準。如果不知道該如何設定評分標準，建議使用VRIO 分析（請參照→**11**）（例如：自身公司的研發能力是否難以仿效？）。

4 [整理核心能力]：最後整理出「各企業的核心能力在什麼地方？」、「要結合什麼特質對自身公司比較有利？」等資料。

促進思考的提問

- 其他公司有沒有什麼獨特的創舉？
- 各公司的強項和弱點分別是什麼？
- 和擁有什麼強項的公司合作才對自己有利？
- 分析對象企業長期累積的是什麼？

CHECK POINT

- ☑ 可透過數字看出競爭對手的強項
- ☑ 已找出各公司強項的源頭（該強項成為強項的原因）
- ☑ 與其他公司比較後，已明確掌握自身公司的核心能力

專欄　徹底了解定量・定性的差別

第 2 章介紹了許多有關分析的框架，其中「定量」和「定性」這兩個詞彙出現了很多次。蒐集、分析資料時，必須先掌握兩者的不同，接下來我想補充說明其意義。

定量與定性的差異

定量就是可以用明確的數值或資料等「數字」呈現的因素，例如營業額、銷售量、員工人數、客戶數量、價格、比例、變化率等。定量思考能明確呈現出以數字事實為根據，且任何人看見都能立刻獲得共識的因素。

另一方面，定性則是與無法透過數字表達的「質」相關的因素。定性思考可以明確呈現出目的、目標、原因、關聯性、意義和脈絡等。

定量與定性兩種觀點缺一不可

前面說明了定量與定性的不同，而這兩種觀點並非只需擁有其一即可，最重要的是必須懂得區分。

例如在分析「競爭對手 A 公司的營業額不斷成長」時，用定量資料思考，就是「競爭對手 A 公司的營業額每個月成長 5,000 萬日圓」。倘若只看「營業額不斷成長」，便無法得知這件事是否構成威脅（是否應該重視它），想必各位應該可以體會填入數字的重要性了。

如果再繼續剖析同一個例子，便可發現「新產品的促銷廣告深受 20 ～ 29 歲女性喜愛，在口耳相傳下，競爭對手 A 公司的營業額每個月成長 5,000 萬日圓」。光看「營業額每個月成長 5,000 萬日圓」，其實無法理解其理由或背景和未來動向，很難檢討自己接下來應該做什麼，由此可知蒐集定性資料也同等重要。

進行分析時，請時時提醒自己「是否已透過定量和定性這兩個觀點檢視了？」

思索課題解決方法

STEP 1

不設限地拋出創意

思考能引發創意的選項

在這個步驟，我們要來思考激發創意的方法。整體而言，第 3 章的順序大略是發揮創意、塑形、評分、選擇。首先，我將介紹許多有助於達成「拋出創意」這個目的的框架，請各位保持靈活思路，快樂地多方嘗試。

創意的發散與收斂

激發創意的過程，可大分為「發散」與「收斂」。

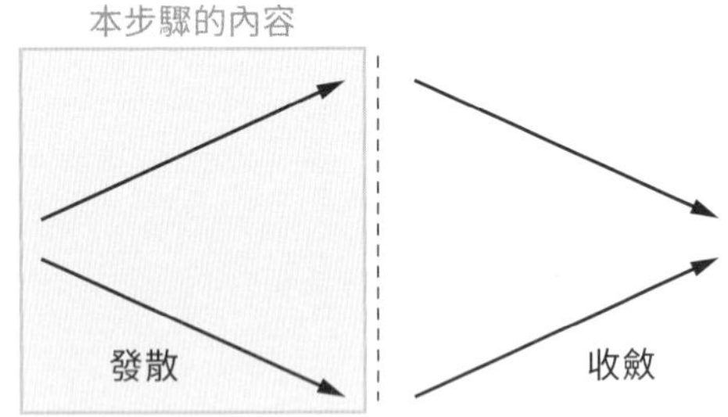

「發散」是吸收資訊、理解、拆解，再自由發揮創意的步驟。這階段不需要太講究創意的「質」，請把重點放在「量」。這時要求的是不設限、不受現狀、前提或常識束縛的靈活創意。你負責安排腦力激盪活動時，請努力打造讓每個人都能盡情發揮創意、可以放心發言的環境。

相對於發散的「收斂」，是將發散後的創意整理、分類、結合，琢磨出可具體應用的型態。這時要求的是能從發散的創意中篩選出重要因素，並將抽象資訊具體化的能力。

我們會不斷重複「發散」與「收斂」，直到找出有助達成目的的創意。在本章第一個步驟「不設限地拋出創意」這個主題中，主要挑出的是能在發散階段發揮優異效果的框架。首先請抱著「提出各種可能激發創意的選項」的心情，試著應用各種框架。此外，有關激發創意，除了本書所介紹的方法，還有許多其他方式，希望你也務必一併學會，培養思考創意的樂趣與「思考體力」。

激發創意的兩個方向

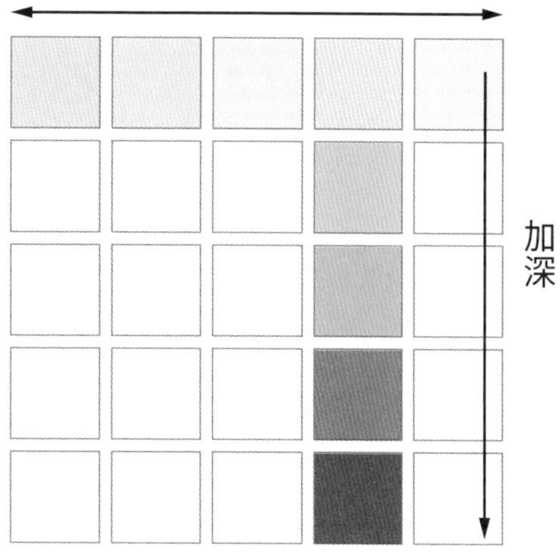

將思考發散的工作可分為兩種類型，一種是從主題或關鍵字往橫向延伸，另一種是鎖定某個重點，縱向深入挖掘。同樣地，這兩種想法也必須兼顧，不能只偏重某一方。

往橫向延伸思考的意思，是針對某個主題思考「可以想出哪些切入點？」以列出多個可作為切入點的選項。當創意不斷往橫向延伸，有時也會浮現與課題毫無關聯的想法。

鎖定某個重點縱向挖掘（深入探究），是以自己感興趣的特定因素或關鍵字作為起點，思考相關資訊、試著置換其他詞彙，提升資料密度的思考方式。

先往橫向延伸，再鎖定感興趣的重點深入思考，或是鎖定感興趣的重點深入思考之後，再試著往橫向延伸——思考的順序會隨著時間、場合或自己擅長的事物而改變。發散階段最重要的是同時進行橫向延伸與深入挖掘，從不同面向檢視資料。

先求量再求質，盡量多列出選項

接下來就要實際應用有關激發創意的框架了，而如前所述，在這個步驟請牢記「質重於量」。因為必須先達到某種程度的量，才能獲得以往不曾出現的構想。請花點心思打造一個能增加「量」的環境，有時甚至可能需要安排與平常不同的環境。此外，也請多方請求成員協助，借重各種視角、經驗與知識來激發創意。

22 腦力書寫

從別人的創意獲得靈感

主題 ① 嶄新的主題樂園

②	可免費入場	適合銀髮族	更貼近生活
③	使用十次後可換得一次免費入場	不會太激烈但一樣好玩的遊樂設施	小規模
	轉發訊息給眾多朋友即可免費入場	無障礙設施完善	主題也貼近生活如學校的學科
	Twitter 的追隨者超過 10,000 人者可免費入場	刻意讓遊客全身活動（促進健康）	適合喜歡數學的小學生理科主題樂園
	即使沒有實際到場也可透過社群網路遊玩	必須手腦並用的健康遊樂設施	必須活動身體的科學館
	實況轉播	回憶過往	利用數學相關遊戲進行對戰

基本概要

「腦力書寫」（Brain Writing）是類似傳閱布告事項的框架，參與者將表單依序傳遞，藉由前一個人的點子來延伸自己的思考。這個方法的好處除了透過強制延伸思考，以確保「量」之外，還可讓不擅長發言的夥伴也能輕鬆參加。

獨享附錄中的範本是預設由六名成員進行，不過五人以下也可以。

另外，從「參考前一個人的點子，寫出自己的創意」這一點而言，接下來介紹的「曼陀羅九宮格」也可以使用相同方式進行。

使用方法

1 [設定主題]：發給每人一張空白表單，並設定腦力激盪的主題（全員共用同一個主題）。左頁範例的主題是「嶄新的主題樂園」。如果想獲得更具體的創意，也可以在設定主題時多花點巧思，例如「增加主題樂園暑期遊客人數的方法」等。

2 [在最上列寫下直覺想到的點子]：針對這個主題，每個人各自在表單的第一列寫下最先浮現腦海的點子。可限時每列只能思考 3 ～ 5 分鐘。當第一列的書寫時間結束，便將表單傳給隔壁的人。參加者可以坐成圓形（或方形），以方便傳給下一人。

3 [在下一列寫下腦海浮現的事物]：參考前一人傳來的表單內容，在下一列填入自己的點子。可以順著前一個點子延伸，也可以寫下新的創意。重複「填入點子、傳給下一人」，直到填滿表單。列數就是傳遞的次數，請視情況調整表格。

促進思考的提問

- 邀請誰加入效果最好？
- 在會議上不常發言的夥伴有什麼意見？
- 與主題相關的重要關鍵字是什麼？
- 能否加入一些玩心？

CHECK POINT

- ☑ 職權或個性較不同的夥伴已加入腦力激盪
- ☑ 每個參加者皆以獨特視角提出不同的點子
- ☑ 已出現可進一步發展為策略或戰術的點子

23 曼陀羅九宮格

透過關鍵字聯想來激發創意

紀念照	回憶	七五三	無人機	YouTube	回憶影片	體驗 3	免費圖庫	攝影技巧
照相館	拍照	料理	製作電影	製成影片	產品介紹	商用圖片	販售	寫真集
出差攝影	結婚典禮	約會	拍影片	幻燈片 App	婚禮錄影	相本	明信片	相框
化妝	Photoshop	修圖 App	拍照	製成影片	販售 2	攝影棚	銷售系統	相片檔案
加入文字	修圖	濾鏡	修圖 1	相片相關服務	出借	攝影師	出借	品牌
促銷商品	可愛	粉彩	辦活動	呈現	仲介	相機	相關道具	服裝
攝影課程	攝影愛好者網聚	攝影比賽	打造品牌	攝影展	歷程檔案	C2C 相片販售	挖角攝影師	歷程檔案平台
附相片的履歷	辦活動	圖庫	在 IG 上引人注目	呈現	社群網站	攝影師媒合	仲介	安排模特兒
時裝秀	模特兒體驗	相機特賣會	展示	藝術	大頭貼	保護著作權	產品推廣店舖	新聞稿

基本概要

「曼陀羅九宮格」是將主題寫在九宮格的中央，再把從主題聯想到的創意或關鍵字寫在周圍格子裡的框架。這款框架的好處，是藉由固定的格子數，強制我們想出某個數量的點子。在過程中，我們會摸索這些關鍵字對構思新點子有沒有幫助。

在這裡，我將它視為一種激發創意的方法，但在想延伸思考範圍，也就是列出問題或課題的因素、設定目標，或思考自己想做什麼時，都可以靈活應用。曼陀羅九宮格最大的特色，就是一口氣將大量關鍵字視覺化。

使用方法

1 [設定中央的關鍵字]：在正中央的格子寫下主題或關鍵字。左頁範例的目的是照相館想推出新服務，因此將「相片相關服務」設為中央關鍵字。

2 [寫下聯想到的關鍵字]：在周圍的八個格子裡寫下從中央關鍵字所能聯想到的關鍵字。

3 [再寫出從這裡聯想到的更多關鍵字]：在 2 寫下的八個關鍵字周圍的八格裡，再分別寫下從它們所能聯想到的關鍵字。

補充 可自行添加巧思

「曼陀羅九宮格」有時只會使用九個格子進行，有時也會像範例一般使用八十一個格子；請根據自己所需的資料量來決定格子的數量。此外，除了一個人單獨填寫一張，也可以多人合寫一張，請自行靈活運用。

促進思考的提問

有沒有至今從未想過的面向？

如果換作別人，可能會寫什麼呢？

可以只用名詞（或動詞）來填寫嗎？

已經到極限了嗎？（想不出來之後才是勝負的關鍵！）

CHECK POINT

- 所有格子皆已填滿（現階段質重於量）
- 已掌握所有與主題相關之關鍵字的概略印象
- 已找到想深入探究的關鍵字

24 型態分析法

將主題分解成變數，激發創意

❶ 主題：嶄新的圖書館

	❷ 氣氛	地點	功能
因素 1	開放式的氣氛	車站附近 ❸	書籍出借
因素 2	像咖啡廳輕鬆愜意	偏僻地區	提供場地
因素 3	像舊書店能勾起好奇心	商店街 ❹	舉辦活動

基本概要

在「型態分析法」（Morphological Analysis）中，我們會針對主題或課題一一寫出構成它的變數，並舉出各個變數的因素。接著將這些因素組合起來，化為創意。

右圖是使用型態分析法針對「嶄新的圖書館」進行思考時的示意圖。如圖所示，型態分析法是以三個主要變數（範例中是氣氛、地點、功能）為軸，用立體的概念進行思考。

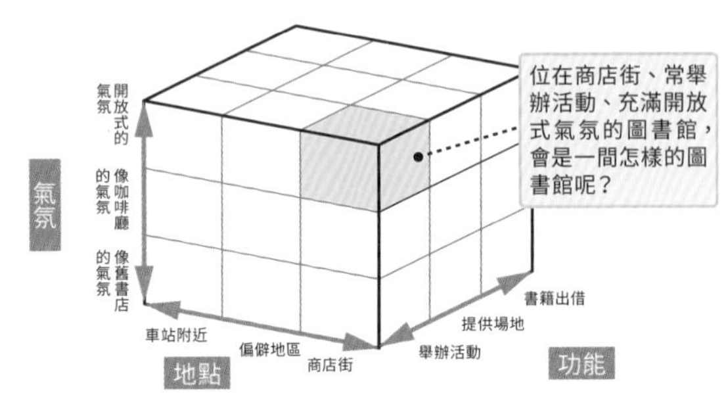

使用方法

1 ［設定主題］：設定想獲得創意的主題。左頁範例設定的主題是「嶄新的圖書館」。

2 ［設定變數］：設定變數，也就是左頁範例中的「氣氛」、「地點」、「功能」。選擇變數的基準，是對主題的影響大小。既然主題是「嶄新的圖書館」，那麼應該還會有「藏書量」、「借書系統」等其他變數，然而變數太多點子就會爆增，因此我建議原則上設定三個、最多限制在五個左右為佳。

3 ［列出因素］：針對每個變數寫出其因素。在範例中只有三個，但實際進行時，請不要對質或量設限，盡量寫出來。

4 ［製造創意］：將寫下的因素組合成創意。例如將「開放式的氣氛」、「商店街」、「舉辦活動」組合起來，思考「位在商店街、常舉辦活動、充滿開放式氣氛的圖書館，會是一間什麼樣的圖書館呢？」

促進思考的提問

你能改變變數的組合嗎？

想出新點子的祕訣是什麼？

有沒有想釐清的關鍵字？

你能更具體地舉出因素嗎？

CHECK POINT

- ☑ 已掌握構成主題的變數為何
- ☑ 已找到足以成為新點子核心的因素
- ☑ 能將因素加以組合，並說明一個點子

25 腳本圖

透過思考故事，激發創意

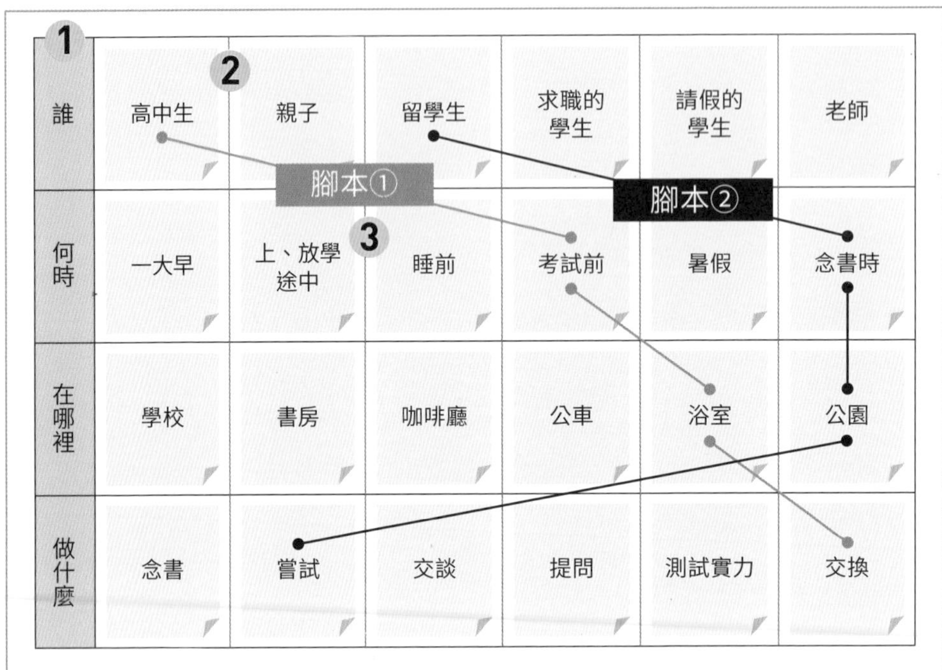

1
2
3
誰
高中生
親子
留學生
求職的學生
請假的學生
老師
何時
一大早
上、放學途中
睡前
考試前
暑假
念書時
在哪裡
學校
書房
咖啡廳
公車
浴室
公園
做什麼
念書
嘗試
交談
提問
測試實力
交換
腳本①
腳本②

基本概要

在「腳本圖」（Scenario Graph）中，首先要針對「Who」（誰）、「When」（何時）、「Where」（在哪裡）、「What」（做什麼）等四個變數分別列出因素，再透過創造故事（腳本）來激發創意。這款框架適合想法已落入窠臼、想不出新點子時使用。

它的好處是透過亂數挑選的因素來描繪故事，可以獲得平常想不到的點子。正因如此，列出因素時最重要的是必須「跳脫常識的束縛」。廣邀想法或負責業務不同的夥伴加入，效果會更好。

使用方法

1 **[設定變數]**：設定變數。腳本圖最基本的就是「誰」、「什麼時候」、「在哪裡」、「做什麼」等四個變數。習慣後，也可以應用 6W2H（請參照→**02**）的項目。

2 **[列出因素]**：針對每個變數列出其因素。左頁範例的主題是「適合學生的英文學習 App」；在範例中，每個變數都列出了六個因素，但實際使用時，請盡可能多列出一些（倘若數量太少，很可能無法跳脫平常思考的範圍）。因素過少時，可以運用曼陀羅九宮格（請參照→**23**）來幫助延伸思考。

3 **[挑選因素，化為創意]**：隨機挑出在 **2** 列出的因素，創造故事。例如挑選「高中生」、「考前」、「浴室」、「交換」，就用這四個因素來創造故事腳本。

促進思考的提問

現有的產品是由哪些因素組合的？

令人印象深刻的變數有哪些？

有沒有你從未想過的關鍵字？

能替因素加上形容詞嗎？（例：高中生→喜歡流行時尚的高中生）

CHECK POINT

- ☑ 各變數的因素數量皆已足夠（也可以將目標設定為「最少十個！」）
- ☑ 將因素加以組合後，能說出故事並想像場景
- ☑ 已想出三個以上的故事

26 奧斯本檢核表

利用九個問題獲得新觀點

主題（關鍵字或點子）

電影院

能否做其他用途？	能否應用？	能否改變？
・在電影院舉辦時裝秀 ・在電影院做簡報 ・把電影內容當作教材	・讓個人也能製作電影，就像出書 ・電影院專屬的媒合服務	・在電影院播映連續劇 ・播映以前的作品 ・試著改為定額制
能否擴大？	**能否縮小？**	**能否取代？**
・24 小時營業 ・將上映的電影數量增為兩倍 ・打造兒童專用螢幕	・大小如 KTV 包廂 ・專門鎖定某些類型的電影 ・拆除座椅，讓觀眾躺著看	・在公園的牆面上播映 ・在智慧型手機上播映 ・在音樂廳播映
能否重整？	**能否顛倒？**	**能否結合？**
・舉辦講座，談談有關接下來即將製作的電影 ・推出清晨場次	・請觀眾製作電影 ・在明亮空間邊聊天邊看電影 ・試著改為贊助制	・與咖啡廳合併 ・與 DVD 商店合併 ・與線上影音串流服務合作

2

基本概要

思考點子時，偶爾會在「希望能再多點巧思」的階段就停滯下來，有時也希望能想出前所未見的嶄新點子。然而，倘若一直都從同一個角度思考，是無法想出新點子的。這時最能派上用場的框架，就是用「其他用途」（Other Uses）、「應用」（Adapt）、「改變」（Modify）、「擴大」（Magnify）、「縮小」（Minify）、「取代」（Substitute）、「重整」（Rearrange）、「顛倒」（Reverse）、「結合」（Combine）等九個問題來獲得新觀點的「奧斯本檢核表」（Osborn's Checklist）。

從「檢核表」這個名稱應該就能聯想到，此框架最方便的是將問題列表隨時準備在手邊，一旦沒有靈感，就能拿出來使用。後面的「使用方法」將介紹問題的切入點，請一一嘗試，思考有沒有延伸的可能。

使用方法

1 [**設定主題**]：設定主題，大略思考一些點子。例如想改良自身公司的產品，就先整理好該產品或服務的概要。

2 [**透過九個問題發揮創意**]：透過九個提問，針對前面設定的主題，用全新的觀點拋出點子。可參考以下範例。

例 問題類型

其他用途	能否轉做其他用途？有沒有別的用法？有沒有新的用法？
應用	能否應用？有沒有類似的點子？能不能應用其他點子？
改變	能否改變？能否試著改變顏色、形狀、設計、樣式、目的、意義？
擴大	能否擴大？能否將其變大、拉高、拉長？能否提升其附加價值、頻率、比例？
縮小	能否縮小？能否將其變小、變薄、變短？能否減少功能、資料？
取代	能否取代？能否用其他素材、人、物、地點、方法來取代？
重整	能否重整？能否將因素、順序、配置、零件、流程等加以重整？
顛倒	能否顛倒？能否顛倒上下、左右、前後、內外、順序、想法？
結合	能否結合？能否試著結合新舊或完全相反的因素？

促進思考的提問

現有的點子還有多少空間可以延伸？

你了解多少有關主題的歷史？

你的想法多為哪種類型？

你不太會想到是哪些類型的想法？

CHECK POINT

- ☑ 已獲得對主題提出新疑問的觀點
- ☑ 已加深對主題的理解
- ☑ 已找出多個讓創意延伸的方向

STEP 2

將創意具體化

整理點子，使其收斂

透過前面介紹的框架，我們已經獲得大量能成為靈感的選項，將創意延伸。在這個步驟，我們要爬梳發散的創意，使其收斂。讓我們先理解收斂的意義和重點，再學習運用各種方法。

化為肉眼可見之型態的重要性

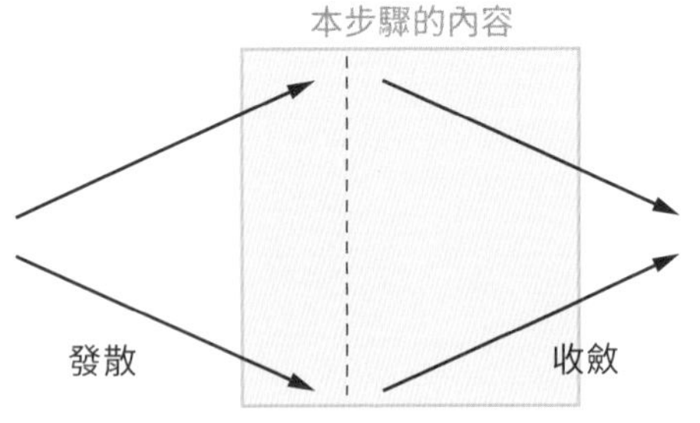

前面也曾提到，尋求創意時，一般會經過發散和收斂這兩個步驟；而接下來的步驟，正是收斂的方法。

在收斂並琢磨創意時，希望你特別注意將其「化為有形」，也就是抱著向世人公開的感覺，將腦中的想法寫出來；你可以將它視為一種想像中的「原型」（prototype）。

在收斂步驟，我們會從發散的點子中挑出重要因素，加以整理、統合，形塑成一個創意。在塑造原型的過程中，我們對目標的想像會變得明確，夥伴之間也能更輕鬆地獲得共識。因此本階段的重點，就是以淺顯易懂的方式表達主要因素或功能，而不要加入太多複雜的因素。

近年來，在複雜又迅速的環境變化中，「迅速將想法化為有形」已成為你我必備的能力。除了化為有形，盡速改善這個有形之物的能力也變得更重要。將想法化為具體後，立刻與夥伴共享，仔細地反覆進行檢討與改善，便能避免陷入在即將完成前才大幅修正的窘境。

時時留意現場的場景和故事

在塑造創意原型的過程中，必須特別留意「場景」和「故事」。「場景」就是實際運用該創意的現場狀況，倘若無法掌握一個點子具象化之後的實際狀況，無論點子再怎麼新穎有趣，也是枉然。換言之，在這個步驟裡，我們要為先前盡情運用想像力想出的點子增添一些現實感。請具體思考客戶或目標的狀況是否符合自身公司提供的服務或目前的潮流，並同時思考場景，加以確認。

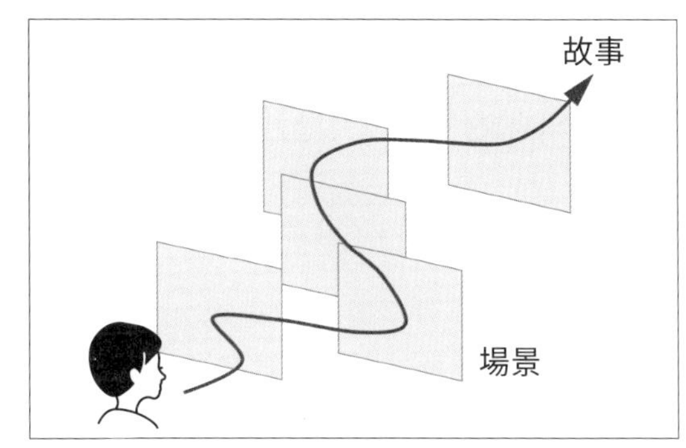

「故事」則是指依照時間順序掌握資訊的變化。我們不能只思考眼前的一瞬間，而是得像小說或電影，思考從起點到終點之間會有怎樣的發展。

透過將思考過程化為「故事」，我們便能掌握這個創意的背景、必須預設什麼樣的變化等資訊。此外，向其他人說明時，也可以得到具體共識，引起同理心。各位可以從後述的「分鏡圖」這種簡單的四格開始嘗試，慢慢培養思考故事的能力。

將無形化為有形的方法很多，包括在紙張或白板上畫圖、用 PowerPoint 畫出圖解、用 Excel 試算方案、用 Illustrator 等繪圖軟體進行設計、寫程式做出樣本等等。本書介紹的雖是 PowerPoint 的範本，但請你也積極嘗試其他方法。

27 創意表單

畫出草圖，整理創意的架構

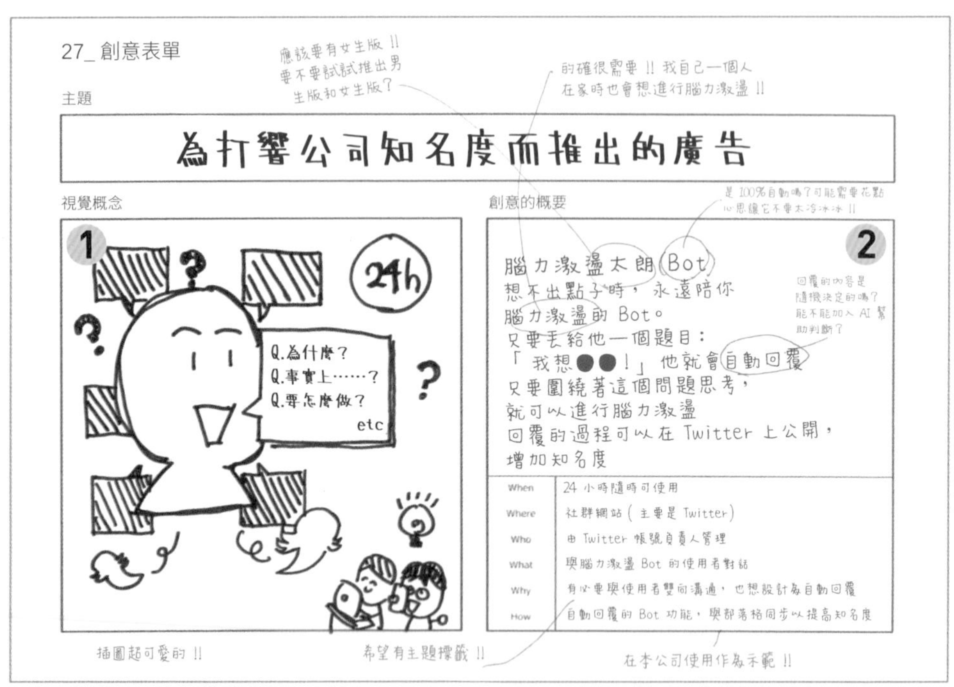

基本概要

「創意表單」（Idea Sheet）是將腦中想法寫出來的表單。假如光是在頭腦裡想，不管想多久，這個點子都不會成真，因此將腦中的想法寫出來相當重要。透過書寫，概念就會變得肉眼可見，其他夥伴也能提出其他點子或建議，給予回饋。

此外，創意表單的另一個好處，就是可以保存我們臨時想到的點子，之後隨時都可以再將它們拿出來運用、分享。

在發揮創意或整理創意等各種階段，都可以運用創意表單。請在辦公桌或工作區準備一些表單，以便隨時使用。

使用方法

1 [繪製草圖]：將腦中針對主題的想法畫在紙上，將概念具象化。這時不用想得太仔細，利用圖畫或照片呈現出「大概的感覺」即可。

2 [將其文字化並加以整理]：更具體地思考 1 的概念。在這個階段，必須將創意的基本概要整理到可用文字說明的程度。左頁範例是用文字寫下「概要」，再依循 5W1H 更進一步思考細節。

3 [請別人給予回饋，繼續修正]：請別人針對已完成的表單給予回饋。根據「這樣比較好」、「應該更注重現實才對」等回饋內容來改善點子。

補充 依照目的選擇適合的類型

除了像寫筆記一樣，獨自將想法寫出來，也可以由多名成員一起完成創意表單。可以印在 A4 紙上，也可以直接寫在白板上，請依照目的或狀況選擇適合的方式。

促進思考的提問

- 你自己是否認為這個點子吸引人？
- 令這個創意具有特色的因素是什麼？
- 你能替這個創意取名字嗎？
- 你能像是解釋給別人聽似地清楚表達嗎？

CHECK POINT

- ☑ 畫出草圖後，場景就更像現實了
- ☑ 創意的 5W1H 已經整理過，使創意的解析度提高
- ☑ 他人的回饋已明確表達他最想要的點

28 分鏡圖

用四格故事將創意具體化

基本概要

依照時序整理出理想的客戶體驗流程並畫出故事框架，就是「分鏡圖」（Story Board）。這個框架可以將模糊的想法具體地視覺化、將籠統的價值變得更明確。可以像上面的範例以四格呈現，也可以在一張便利貼上畫一個鏡頭，再貼在白板上。範例是將「有問題的現狀」、「解決問題的過程」以及「問題解決後的狀況」等三種內容分成四格繪製。

分鏡圖除了和創意表單（請參照→27）一樣，具有將創意視覺化、與他人共享創意與改善創意等優點，更能透過故事與夥伴一同掌握客戶的變化。另外，能站在客戶立場修正創意這一點，更是一大長處。

使用方法

1 [列出問題]：在分鏡圖框架中，我們必須描繪原本抱有煩惱的人一步步解決問題的成功故事。請在第一格畫出當事人感到困擾的現狀，呈現出問題、課題、需求、煩惱等。1～3只需先打草稿即可，而重要的因素則可先簡單做個筆記。

2 [畫下問題解決後的狀況]：繪製問題解決後的狀況，也就是「目標」。請思考問題解決後，會變成什麼樣的世界。

3 [畫下解決問題的過程]：把從現狀到達成目標之間的「解決問題的過程」畫在第二和第三格裡。像這樣將同一個主題分成兩格的時候，繪製時必須注意鎖定重點。

4 [重謄一次分鏡圖]：四格都畫完後，請整理故事內容，重謄在另一張紙上，同時用文字寫下每一格的旁白，使內容更加明確。

促進思考的提問

- Q. 目標客戶是否明確？
- Q. 在故事中會體驗怎樣的變化？
- Q. 目標是否符合客戶的需求？
- Q. 故事的創新之處是什麼？

CHECK POINT

- ☑ 已在創意中加入時間上的變因
- ☑ 故事裡沒有矛盾或跳躍性思考
- ☑ 已確實呈現出解決問題過程中的重點

STEP 3

評比並選擇創意

選擇要執行的創意

從這個步驟開始，我們要思考應該從這些整理好的創意中，挑出哪些點子來實際執行。「該選擇什麼才好？」——閉著眼睛摸索這個問題的答案，是壓力很大的工作，所以讓我們運用各種框架，將決定的過程視覺化。

了解什麼是「好點子」

選擇好點子的第一步，就是了解「對自身公司而言，什麼樣的創意才是好點子」。對某人來說最佳的選擇，對其他人來說也許不是，所以我們必須根據目的做出定義，並與夥伴達成共識。此外，三年前正確的決定，現在也可能有問題。

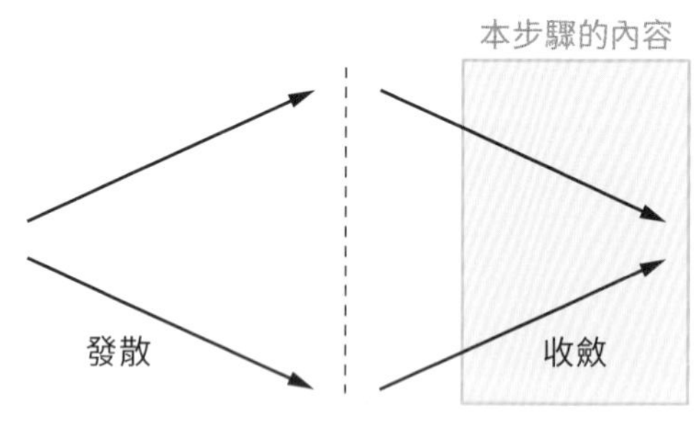

換言之，為了確定什麼樣的點子才是好點子，最重要的是掌握替創意評分的指標。例如將「實施成效」設為指標，那麼成效最高的點子就是好點子；反之，假如將「成本」設為指標，那麼成本最低的點子就是好點子。也就是根據指標的不同，應該考慮的因素也會隨之改變。

先設定判斷什麼才是好點子的指標，再進行評比和選擇。這個步驟將介紹「優缺點表」、「SUCCESs」與「報酬矩陣」；第 1 章介紹的「決策矩陣」也可以運用在這個步驟。

此外，設定條件和指標，還有助於定量蒐集評分用的素材。請在定量與定性兩種素材蒐集齊全後，再進行決策（有關定量與定性的說明，請參照第 2 章最後的專欄）。

批判性思考

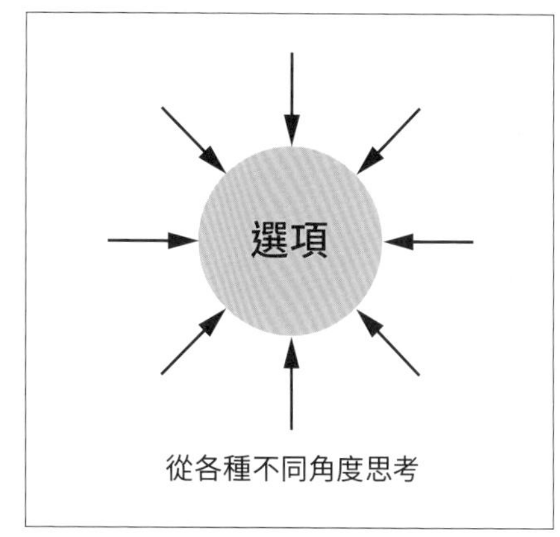

評比、挑選創意時，必須從各種面向觀察。從某一面看到的狀態，總是和從另一面看見的不同；有時我們覺得不好的點子，也可能因為捫心自問「這個點子真的（100%）不好嗎？」而發現之前疏忽的優點。

「真的是這樣嗎？」、「用別的角度來看會變成怎樣？」──像這樣用批判的觀點進行思考的方法，我們稱為「批判性思考」。評比創意時，請先試著對選項提出批判性問題，將創意的各種可能性發揮到最大，再進行評比和挑選。

進行批判性思考最重要的一點，是評分者的多元性。由許多擁有不同專業與經驗的成員來評分，絕對比單獨一人進行評分的結果更正確。為了達成目標，請思考必須邀請什麼人來決策、有必要聽取誰的意見。

此外，從各種角度來看待事物時，最容易採用的就是接下來將介紹的「優缺點表」。這個方法能同時思考選項的優點和缺點，是一款既簡單、效果又好的框架。

將沒被選中的點子留存起來

這個過程中會剩下一些沒有被選中的點子，但並不代表這些點子的內容不好，可能只是不符合這次的目的或目標，或只是時機尚未成熟。請把沒被選中的點子留存起來，不要捨棄。未來它們也許能在其他機會派上用場，也將成為靈感的來源之一。

29 優缺點表

掌握選項的好處與壞處再決策

選項（點子、想法、意見等）

1 將外包的教育訓練改為內製

2

贊成意見（或優點）	重要性	反對意見（或缺點）	重要性
可以進行細部調整	3	必須學習如何規畫教育訓練	3
可以培養全公司一起成長的文化	3	無法學到其他公司的例子或知識	4
可做到技術層面的訓練	5	人才評價的客觀性會降低	4
中長期而言可節省成本	5	培育講師和製作講義會造成負擔	2
可同時改善標準流程	4	無法保證教育訓練的品質	5
有助活化公司內部溝通	2	初期必須投入龐大成本	4
可更有效運用公司內部的人力資源	2		

基本概要

「優缺點表」（Pros and Cons）是針對某個選項，整理、比較其「優點（Pros）＝贊成意見」與「缺點（Cons）＝反對意見」，以作為決策參考的框架，有些人也稱為「優缺點列表」。

「Pros」就是針對選項的贊成意見，也可以說是優點；反之，「Cons」則是反對意見，也就是缺點。在優缺點表中，先把優缺點鉅細靡遺地列出，就能使資料變得更明確，有利判斷是否應採用單一或多個選項。

必須注意的是得中立地寫出優缺點，避免受前提或立場左右，同時掌握優缺點各自的最大值（最好的點和最差的點）。

使用方法

1 [設定選項]：填入預計要執行的選項。如果像左頁範例，將選項設定為「將教育訓練改為內製」，優點就必須寫出對於內製的贊成意見，缺點則必須寫出反對意見。

2 [列出因素]：針對選項寫出優點和缺點。這時必須針對各因素進行「重要性」評分。建議思考每個因素對自身公司有多重要，再用1～5分的數值來評分。這麼一來，就能了解最好的和最差的點。只要掌握兩極，就能做出最有效的決策。

3 [進行選擇]：比較列出的優缺點的各個因素與重要性，判斷是否採用該選項。如果想一次比較多個選項，可以像右圖一樣將選項並排，寫出優缺點，再進行比較。

	贊成意見（或優點）	重要性	反對意見（或缺點）	重要性
選項①				
選項②				

促進思考的提問

Q. 對自身公司而言，什麼樣的點子才是好點子？

Q. 有解決缺點的辦法嗎？

Q. 有藏在優點背後的風險嗎？

Q. 有無法單純分類為優點或缺點的因素嗎？

CHECK POINT

- ☑ 贊成・反對雙方的意見都已經納入
- ☑ 已完整列出優缺點，沒有遺漏，並已分別掌握兩者最重要的因素
- ☑ 所有成員都明白每個因素被分類為優點或缺點的原因

30 SUCCESs

從六個切入點來琢磨創意

	1 評分	改善的方向 2
單純 Simple	○	
出乎意料 Unexpected	△	雖然與現有的點子有所區隔，但缺少驚喜感。應該思考能否透過新的切入點賦予新的意義，或提高課題設定的品質。
具體 Concrete	○	
可信賴 Credible	△	雖然已蒐集了資料，但資料稍嫌老舊。應思考該如何取得最新資訊。
感性 Emotional	×	雖然已考慮到「應該解決什麼樣的問題」，卻沒考慮到使用者的心理因素。必須實際訪談幾位使用者。
故事性 Story	△	雖然已考慮到使用服務的步驟，但因缺乏使用者意象，故沒有故事性。此外長期展望也稍嫌不足，因此應一併思考。

基本概要

能獲得他人理解與共鳴的「好點子」，具有一些可以整合為「SUCCESs」的共通點。這個框架會從「單純」（Simple）、「出乎意料」（Unexpected）、「具體」（Concrete）、「可信賴」（Credible）、「感性」（Emotional）、「故事性」（Story）等六個面向切入，進行評分與改善。重要的是除了自評，更要採用其他公司的視角，客觀地評斷。

除了評分與改善，在發揮創意和簡報的階段，也可以善加運用SUCCESs。依照SUCCESs確認想到的點子，如果發現哪裡不足，就立刻補充。此外，如果平時就養成從SUCCESs的切入點思考各種資訊和企畫的習慣，便能激發更多創意。

使用方法

準備 [整理創意的概要]：整理即將評分的創意概要。

1 [進行評分]：依照 SUCCESs 的各個項目，針對創意進行評分。使用○與△等符號或 1 ～ 5 等分數，將評分視覺化。

單純（S）	創意是否單純，使他人也能理解？關鍵字是否明確？
出乎意料(U)	從一般角度來看，是否出乎意料？有沒有新的切入點？
具體（C）	是否已考慮周詳？能否以定量・定性的方式說明？
可信賴（C）	有能增加可信度的範例、資料或證據嗎？
感性（E）	是否掌握糾葛、苦惱、喜悅等訴諸感性的因素？
故事性（S）	有打動人心的故事嗎？有按照時序或流程的資訊嗎？

2 [整理待改善處]：參考評分內容，整理出為了讓創意更好而應該思考的點、應該做的事和應該進行的調查。左頁範例更特別針對被評為△與╳的因素進行重點對話，寫出日後應採取的行動。

促進思考的提問

- 你有多滿意目前的創意？
- 創意能否獲得共鳴的差異為何？
- 能否對小學生說明你的創意？
- 如何獲得信賴？

CHECK POINT

- ☑ 能簡潔扼要說明初期創意的概要和魅力
- ☑ 明確掌握應該改善的重點，且決定接下來的行動
- ☑ 能進行吸引人的簡報，向他人說明改善後的創意

31 報酬矩陣

將創意圖像化，找出效率最高的選項

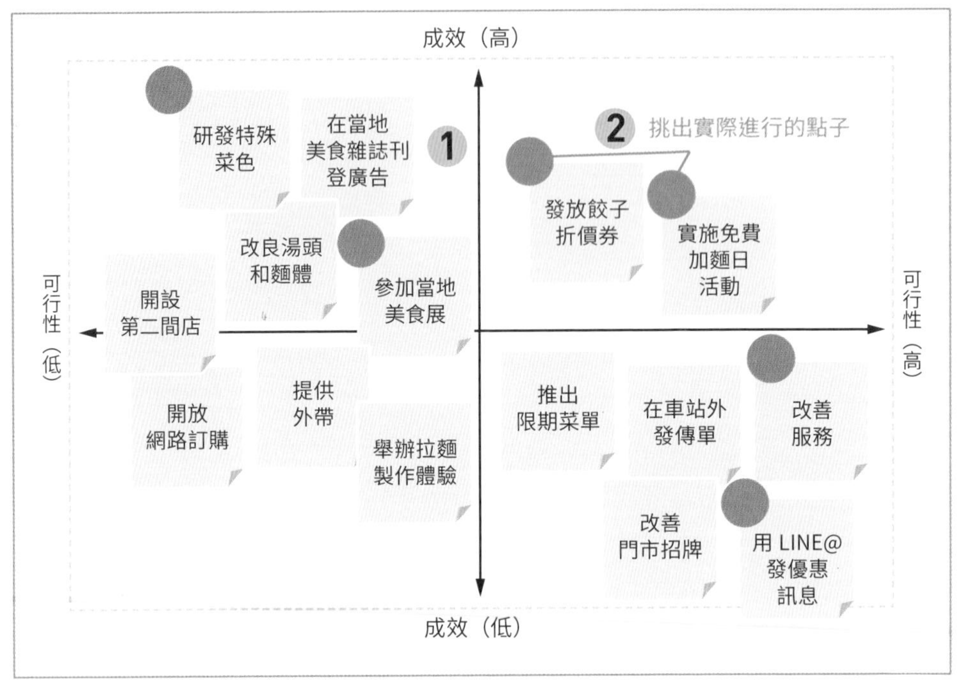

基本概要

「報酬矩陣」（Payoff Matrix）是以「成效」與「可行性」為兩軸所構成的矩陣，是能有效率地挑選點子的框架。面對許多選項時，這款框架可以幫我們鎖定選項並決定優先順序。「成效」軸是以得到的收益或成果作為指標，評斷「成效高低」；「可行性」軸則是以成本或難度作為指標，評斷「能否輕易實現」（愈高就愈容易）。

範例雖然將軸設定為「成效」與「可行性」，但把軸設定為「成效」與「費用」也很實用。此外，一般最常見的是四格矩陣，但也可以像右圖一樣細分成九格來思考。

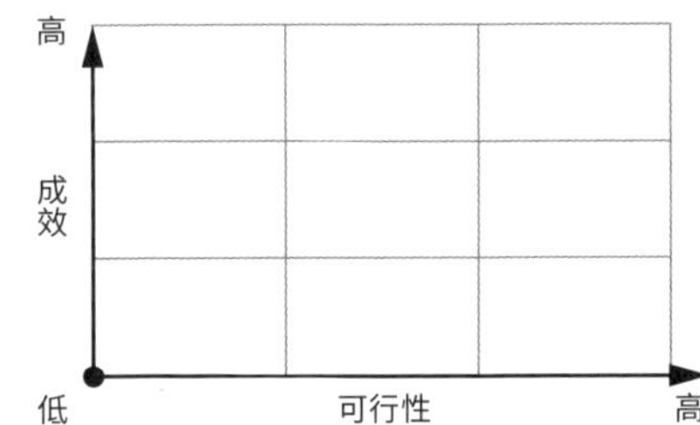

使用方法

準備 **[先列出創意]**：準備作為選項的創意。在這個階段請不用考慮「成效」和「可行性」，自由發揮即可，此時考慮太多，會使創意受局限，請特別留意。

1 **[配置選項]**：待創意全數列出，再將創意配置在矩陣中。把創意分類至四個象限，同時與夥伴討論成效高低、可行性高低的標準，確認彼此的認知是否有落差。

2 **[評分・挑選]**：將創意配置完畢後，便可同時觀察所有選項，進行評分與挑選。一般會從成效與可行性皆高的選項開始實踐，第二優先的是成效雖低，但可行性高的選項。及早執行上述選項，便能開始準備將資源投注於成效雖高，但可行性偏低的選項上。而成效與可行性皆低的選項，很可能只會浪費資源，因此請將順序排在最後，或是花些心思提高其成效與可行性。

促進思考的提問

可行性低的創意能否調整？

你想從哪一個創意開始執行？

有結合之後便能發揮加乘作用的選項嗎？

可挹注的資源上限是多少？

CHECK POINT

- ☐ 準備的創意選項質量兼備（若有不足，就回到 STEP1 ～ STEP2）
- ☐ 已定義思考成效與可行性的指標，並與夥伴達成共識
- ☐ 已針對想深入探討的創意決定大致的優先順序

專欄　在激發或評比創意時必須留意「成見」

所謂的成見，就是「偏頗」、「偏見」、「先入為主的觀念」，是針對某個主題進行思考或給予評價時，因為自身利益、期望或前提條件而使內容遭扭曲。例如因為主管自己過去的成功經驗而左右了對下屬的評價，或下意識認為多數派的意見就是正確的……，都是受成見影響的結果。進行企畫時，必須拋開成見，提出靈活的創意，並用公平的眼光來評斷。

透過提問來確認成見

話雖如此，人專注思考一件事情時，想法往往會下意識有所偏頗。為此，我準備一份能幫助各位拋開成見的問題列表。發揮創意或評分時，請試著留意這些問題。

- ☑ 是否只蒐集與自己的假設或信念相符的資料？
- ☑ 是否把極少數的資料或罕見的例子當作整體來思考？
- ☑ 眼裡是否只有對自己有利的資料？
- ☑ 是否優先使用比較容易取得的資料？
- ☑ 是否對已經發生的事實擅自賦予意義？
- ☑ 是否過度評價多數派的意見？
- ☑ 是否試圖在偶發事件中找出規則，或過於相信偶發事件？
- ☑ 想法是否被第一次看見的數字或例子牽著走？
- ☑ 是否下意識過度評價看過或聽過許多次的事物？
- ☑ 是否過度輕忽已經發生的重大問題？

以上列出的是發揮創意時常見的成見，不過在分析或反思時，也應該放在心上。

制訂策略

STEP 1

思考策略方向

思考達成目的所需的腳本

第 4 章介紹的觀點，能使為了解決問題而想出的點子進入可具體實踐的狀態。另外，本章除了介紹框架，也會說明策畫（企畫）的方法。請抱著「我要把目前為止的內容整理成一個企畫」的心情來試試看。

思考策略

策略就是為了解決問題，在考慮大局的狀況下所進行的綜合準備、計畫與方略。也有人將它定義為「達成目的所需的腳本」。

首先，我們得掌握思考策略前後的流程。一個組織裡最高層次的目的，就是「這個組織存在的目的」，我稱為經營目的或經營理念；其次是經營目標，也就是「這個組織想達成什麼」。接著必須思考達成經營目的和目標所需的整體策略。

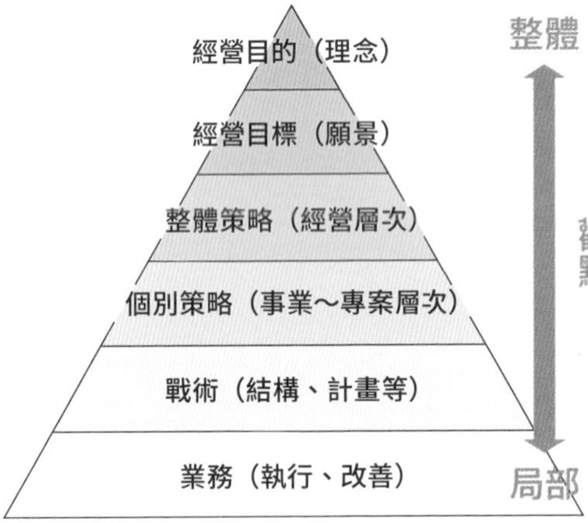

整體策略攸關整個組織，是屬於經營層次的策略。整體策略下方還有個別策略，也就是以各事業、各專案、各部門為單位的策略。整體策略與個別策略的區分，會隨組織規模而異。特別需要注意的，就是同時擁有攸關整個組織的整體策略與個別策略這兩種觀點。一旦決定策略，就要思考為了實現策略所需的具體方法，也就是戰術，並規畫執行業務。

如何找出競爭優勢

討論策略走向時，最重要的是如何找出自己的競爭優勢。「競爭優勢」這個詞彙在前面已經出現很多次，「擁有競爭優勢」的意思是指「擁有其他公司無法模仿的經營資源，並能靈活運用」。為了創造競爭優勢，我們必須思考「要投入什麼樣的市場」、「要提供什麼樣的產品·服務」、「要用什麼方法提供」等策略方向。

例如美國著名管理學家麥可·波特（Michael Porter）提出了「三個基本策略」（如右圖）。這是一種用市場範圍與有利策略的矩陣，來思考自身公司策略走向的方法。

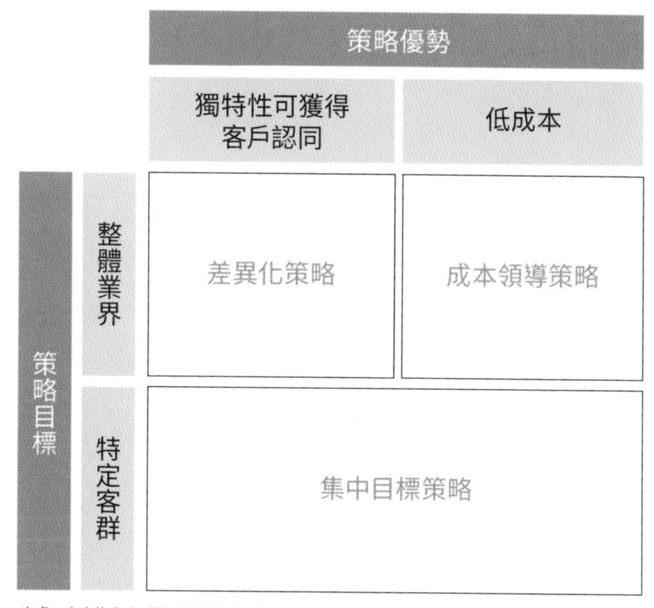

出處：本表格參考《競爭策略》製成

透過這方法，我們可以三個方向來構思策略：一是將整個業界視作目標，以成本來決勝的「成本領導策略」（Cost Leadership Strategy），二是以其他公司無法模仿的獨特性來決勝的「差異化策略」（Differential Strategy），最後是將資源投資在特定客群上的「集中目標策略」（Focus Strategy）。

在這個步驟，我將介紹有助掌握策略走向，並評估自己應該往何處發展的框架。

次頁起，我們挑選許多能同時涵蓋整體策略與個別策略的框架，從「產品組合矩陣」到「定位圖」皆屬此類。討論策略走向時，除了本章介紹的框架，亦可融入前幾章出現過的決策相關框架，加以活用。

32 產品組合矩陣

俯瞰自身公司整體概要，思考策略

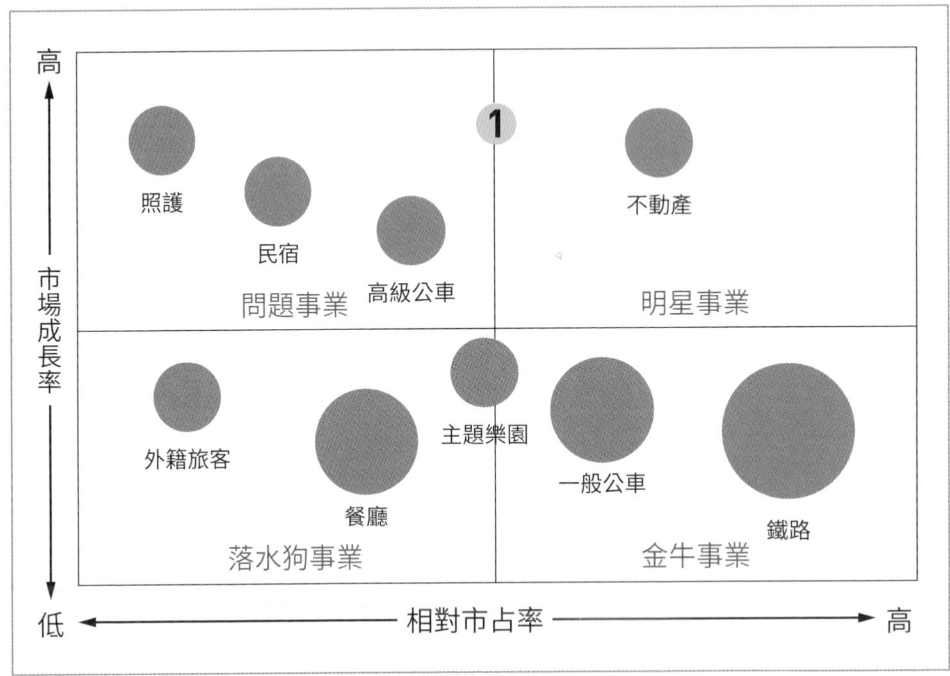

基本概要

「產品組合矩陣」（Product Portfolio Matrix, PPM）是使用以「市場成長率」與「相對市占率」為兩軸所構成的矩陣，分析自身公司經營的事業、構思策略的框架。矩陣中的四個象限分別稱為「明星事業」（Star）、「問題事業」（Question Marks）、「金牛事業」（Cash Cows）與「落水狗事業」（Dogs），而事業的規模則以圓的大小來呈現。

產品組合矩陣的前提是「市場成長率愈高的事業，業界與競爭對手的變動就愈大，因此需要愈多資源」以及「相對市占率愈高的事業，愈容易獲得利益」。請釐清每個事業的目的究竟是獲利還是開拓未來，再討論要將策略性的資源挹注在何處。

使用方法

1 [列出公司擁有的事業]：將自身公司擁有的事業填入矩陣。此時可用圓的大小表示每種事業的營業規模。如果是用便利貼進行，可以透過不同的符號或顏色呈現，使規模的差異能一目了然。

2 [思考未來的方針]：針對每種事業思考未來應採取什麼的策略。重點是將「金牛」象限中事業的獲利挹注到「問題」事業，提升市占率，培養明星事業。

補充 **將「問題→明星→金牛」的順序放心上**

只要能將「問題」移到「明星」，就能增加收益，為企業帶來更多利益。而「明星事業」則會隨市場成長的停滯而轉為「金牛」。構思策略時，除了將這個順序放在心上，更重要的是，即使必須冒一點風險，也得將資源挹注在「問題」事業，同時思考如何建構這樣的體制。

促進思考的提問

- 目前最積極投注資源的事業是哪一項？
- 能否以俯瞰的角度思考整體事業？
- 能否單獨思考某一事業的一部分？
- 有看起來值得栽培的「問題」事業嗎？

CHECK POINT

- ☑ 已掌握各市場是在擴大還是在縮小
- ☑ 已掌握自身公司的整體概念
- ☑ 已看見未來應優先挹注資源的方向

33 安索夫矩陣

思考自身公司事業的成長策略

		產品	
		既有產品	新產品
市場	既有市場	・實施組合優惠或老客戶優惠 ・在自有媒體上分享促銷知識，鼓勵應用 1	・研發採用 VR 或 AR 技術的新產品並提案 ・提出委外促銷方案 2
	新市場	・將客戶擴展至零售業以外的業種（餐飲或旅館業） ・向小企業或自雇者提案 3	・發展行銷顧問事業 ・投入成衣事業 ・發展共同工作空間事業 4

基本概要

「安索夫矩陣」（Ansoff Matrix）是將市場（客戶）與產品分別分類至「既有」與「新」的象限中，藉以構思策略，促進自身公司事業成長的框架。這個框架會將走向大分為四種，幫助我們找出擴展事業的策略。

最容易發展的是「既有產品×既有市場」組成的「市場滲透」策略，最難發展的是「新產品×新市場」組成的「多角化」策略。討論難度較高的策略時，可將與外部合作、外包、併購等列入考慮。接下來的「使用方法」，將依照難度排序（1最簡單，4最難）。

		產品	
		既有產品	新產品
市場	既有市場	市場滲透 既有產品×既有市場	開發新產品 新產品×既有市場
	新市場	開發新市場 既有產品×新市場	多角化 新產品×新市場

使用方法

1 [思考市場滲透策略]：思考提升既有市場市占率的策略。請思考是否可能提升每位客戶的購買數量（金額）或購買頻率（回購率）。例如：推出組合優惠、舉辦特價活動、追蹤客戶等。

2 [思考開發新產品策略]：思考提供新產品給老客戶的策略。例如：推出既有產品的周邊商品或附屬品、升級後的產品、增加其他功能的產品等。

3 [思考開發新市場策略]：思考開發新地區或新目標客群等以往未曾接觸之新市場的策略。例如：從特定地區拓展至全國、從日本拓展至海外、將鎖定女性客群的產品拓展至男性、將鎖定年輕人客群的產品拓展至銀髮族等。

4 [思考多角化策略]：思考在新市場發展新產品的策略。多角化又可細分為 A. 在相同領域內擴展的「水平型多角化」（Horizontal Diversification）、B. 從價值鏈上游擴展至下游的「垂直型多角化」（Vertical Diversification）、C. 透過思考與既有產品相近的產品來發展新領域的「集中型多角化」（Concentric Diversification）、D. 將全新的產品投入全新領域的「集成型多角化」（Conglomerate Diversification）等四種。

促進思考的提問

- 對公司而言，發展②和③何者比較簡單？
- 開發新市場的具體方法是什麼？
- 能否列出商品或服務的價值？
- 能否參考其他業種的成功範例？

CHECK POINT

- ☑ 已列出朝四個方向發展的點子
- ☑ 已某種程度掌握性價比（也運用了報酬矩陣（請參照→**31**））
- ☑ 已掌握各種走向的優勢與風險

34 交叉 SWOT

活用 SWOT 分析，思考發揮自身公司強項的策略

	優勢：Strength	弱點：Weakness
	1.使用當地新鮮食材 2.主要提供日式料理，但也能視需要供應義式或法式料理 3.建築物落成至今 1 年，外觀與內裝都很新 4.停車場很大 5.許多客人由口耳相傳的介紹而來	1.開店至今尚未滿 1 年，知名度不足 2.缺乏吸引回頭客的措施或制度 3.翻桌率過低 4.離車站太遠 5.沒有與同集團的其他企業合作
機會：Opportunity 1.店面所在位置不是住宅區，而是商業區 2.周邊有大學，也有許多婚宴會館 3.經常舉辦聯誼或婚友活動 4.正值日式料理潮流 5.簡約婚宴可能成為未來主流	1.匯集使用當地食材製作的創意日式料理與豐富日式、西式飲料，讓客人享受歡聚時刻 2.繼續在鎖定新遊客的當地刊物、優惠情報雜誌上宣傳 3.透過舉辦活動吸引團體客人與新客人	1.鎖定自身公司的客戶與相關企業的客戶進行促銷活動，以期銷售量與客戶雙雙增加 2.利用持續性的活動提升知名度
威脅：Threat 1.與婚宴會場合作的續攤聚會增加 2.接待文化式微 3.人們的飲食習慣逐漸從外食轉為自己在家下廚 4.低價位餐廳增加 5.重視成本的客人逐漸轉為選擇在連鎖店用餐	1.營造讓客人從白天待到晚上的環境 2.將促銷對象從團體客轉為單獨客 3.增加店員接待客人時的溝通量	1.推出以 30 ～ 59 歲主婦為客群目標的新產品 2.與集團企業合作，有效運用資源 3.寄送紀念明信片等，徹底執行追蹤客戶策略 4.強化結婚季的需求

基本概要

以「好影響⇆壞影響」、「內部環境⇆外部環境」為軸構成矩陣，針對「優勢」、「弱點」、「機會」、「威脅」等四個象限進行分析的框架，就是前面介紹過的 SWOT 分析（請參照→12）。而用 SWOT 分析分析出的「優勢」、「弱點」、「機會」、「威脅」為軸組成新矩陣，思考策略走向的框架，則是「交叉 SWOT」。

SWOT 分析列出的因素個別來看都只是點狀資訊。利用交叉 SWOT，討論構思策略時應思考的內容。先用 SWOT 將資料整理妥善後，再使用本框架。

	優勢：Strength	弱點：Weakness
機會：Opportunity	[策略 1] 活用機會，以優勢一決勝負	[策略 3] 克服弱點，活用機會
威脅：Threat	[策略 2] 活用公司的優勢，克服威脅（危機）	[策略 4] 克服弱點，戰勝威脅（危機）

使用方法

1 [填入欲使用的因素]：將寫在 SWOT 分析的因素填入交叉 SWOT 的欄位。如果因素太多，可挑選重要因素填寫。

2 [思考各種策略]：針對每一個象限思考策略（或對策）。例如在［策略 1］中，必須思考能將機會與優勢發揮至極限的位置。在［策略 4］中，要求的則是風險管理或能克服弱點的策略，以避免因弱點和威脅結合而導致最壞的狀況。除了思考各象限的策略，該如何發展優勢、克服弱點，也是必須思考的重點。

補充 最重要的是［策略 1］

雖然每個策略都很重要，但格外值得一提的是最能發揮競爭優勢的［策略 1］。［策略 1］一旦成功，就會對其他策略帶來正面影響，產生加乘作用。運用交叉 SWOT 時，請先將重點放在這個象限思考。

促進思考的提問

- 你從過去的成功與失敗策略中學到什麼？
- 如何不戰而勝？
- 有沒有錯失什麼機會？
- 能否使用定位圖（請參照→36）找出優勢？

CHECK POINT

- ☐ 已用 SWOT 分析找出數量與品質皆足夠的因素，提供交叉 SWOT 運用
- ☐ 已列出四個策略的走向
- ☐ 已掌握自身公司與競爭對手的差異

35 STP

思考「要提供什麼產品給什麼對象」

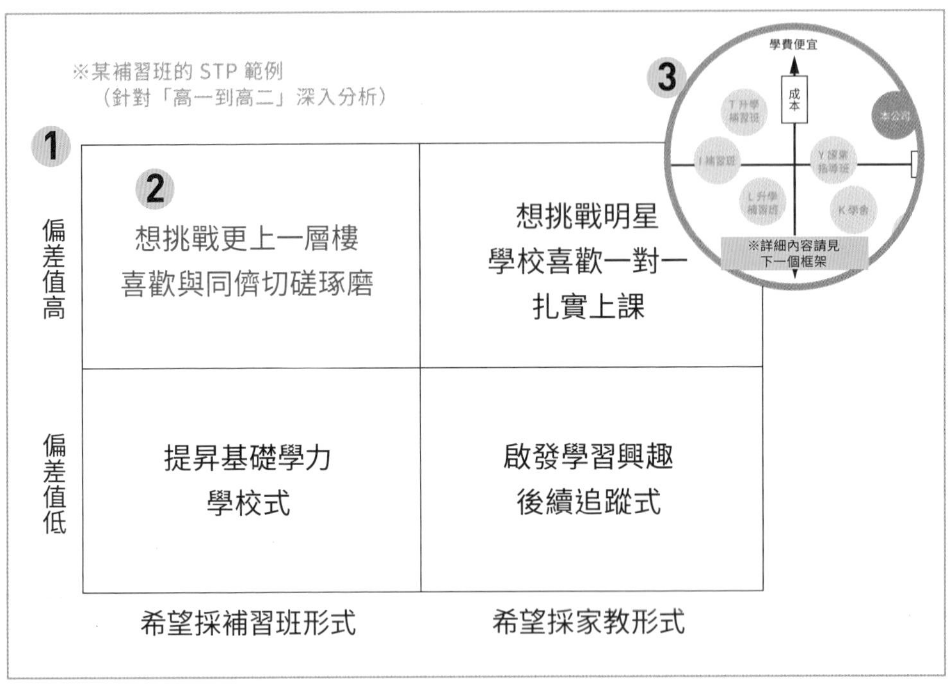

基本概要

在「STP」中，我們必須從「市場區隔」（Segmentation）、「目標選擇」（Targeting）與「品牌定位」（Positioning）這三個因素出發，思考行銷策略。「Segment」是指具有相同屬性、特性或需求的群體，而「Segmentation」則是將該群體更進一步細分。STP 的概念就是用「市場區隔」將市場細分後，再用「目標選擇」決定應鎖定的市場，最後再利用「品牌定位」決定自己要提供的價值。

這個框架也能幫助我們思考，想在激烈的競爭中勝出，應該如何「選擇市場並集中資源」、如何「創造與競爭對手的差異」。請搭配其他分析類的框架，找出能發揮自身公司競爭優勢的市場。

使用方法

1 [分割市場]：將預計投入的市場加以細分。建議細分後，可以替每個小市場命名，以利掌握其特徵。

例 **細分市場的切入點**

一般認為可用地理變數（Geographic Variables）、人口變數（Demographic Variables）、心理變數（Psychographic Variables）與行動變數（Behavioral Variables）作基準。具體而言，包括地區、人口密度、性別、年齡、收入、興趣、價值觀、意願、時間帶、行為模式、購買狀況等。

2 [選擇目標]：從分割後的小市場中選定想投入的市場。挑選時，可用市場規模（Realistic Scale）、市場的成長性（Rate of Growth）、競爭狀況（Rival）、優先順序（Rank）、可達成性（Reach）、反應可測性（Response）等為指標來評選各小市場，挑選出主要市場。

3 [思考定位]：針對2選擇的市場，思考自身公司可以發展什麼樣的產品・服務。相對於決定「對象」的1和2，3則是決定「內容」。有關定位的內容，將在下一個框架詳述。

促進思考的提問

- 目前作為目標的小市場和特性是什麼？
- 你使用什麼軸來分割市場？
- 要把市場分割得多細？
- 有整體市場擴大後可行的策略嗎？

CHECK POINT

- ☑ 鎖定的市場是可投入的
- ☑ 分割後的小市場分別具有不同特徵
- ☑ 已找出可發揮自身公司優勢的小市場

36 定位圖

思考自身公司能獲得的定位

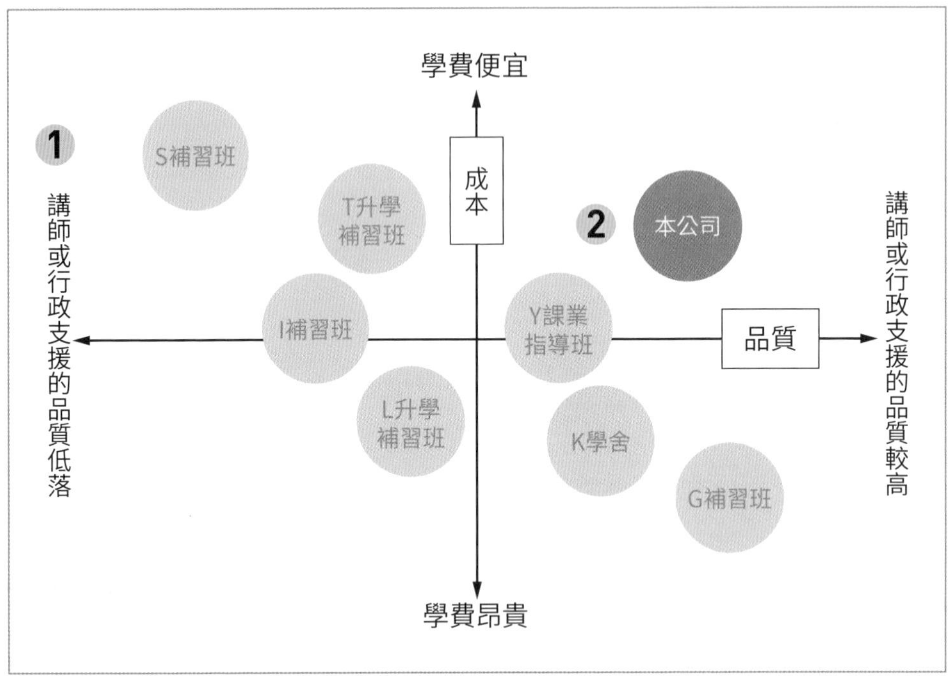

基本概要

自身公司的事業（或產品・服務）在市場中的定位，稱為「Position」。分析市場，決定自身的定位，以尋求差異化的框架，就叫做「定位圖」（Position Map）。在資訊爆炸的現代社會，想讓客戶認識（選擇）自身公司的產品・服務，就必須讓客戶明白我們與競爭對手的差別。

在定位圖中，我們將客戶在理解產品・服務時所重視的因素設為兩個軸，製成矩陣。將多個競爭對手的資料寫在矩陣中加以整理，並讓整體狀況視覺化，再思考自身公司能夠發揮競爭優勢的定位。

使用方法

1 [設定軸]：設定縱軸與橫軸。挑出客戶在認識（或選擇）一項產品・服務時會浮現腦海或重視的兩個因素，作為雙軸。左頁範例是用補習班事業的「成本」和「品質」來當軸。「成本」是學費，「品質」是指講師、設備、行政支援等。

2 [思考競爭對手與自身公司的定位]：思考各競爭對手位在什麼位置，進行配置。一邊參考競爭對手的定位，一邊尋找能讓自身公司發揮優勢的定位。

補充 透過多組不同的軸來思考

請多嘗試幾組不同的軸，而非只使用一組。以範例來說，除了「成本×品質」，還可以試試「人數（少⇆多）×等級（考上明星學校⇆補完課程內容）」以及「形式（網路⇆現場）×方針（填鴨式⇆著重應用）」等。請靈活運用型態分析法（請參照→**24**）、價值鏈分析（請參照→**20**）、PEST 分析（請參照→**09**）等框架，多嘗試幾種不同組合。

促進思考的提問

Q. 自身公司目前的定位是？

Q. 具有發展潛力的市場在哪裡？

Q. 目前空的位置為什麼是空的？

Q. 能否思考 3 或 5 年後的狀況？

CHECK POINT

- ☑ 軸的兩端形成對比關係（昂貴⇆便宜、長⇆短等）
- ☑ 已找出能呈現自身公司競爭優勢的雙軸
- ☑ 能根據完成的定位圖找出制定策略的方向

STEP 2

思考該如何實現

找出實現策略的具體方法

以上我們整理了思考策略方向、決定提供什麼價值給哪些對象；接下來要思考如何執行價值提供，也就是戰術以及架構。這個步驟，我們要以商業模式設計為主軸，逐步思考實現策略的方法。

思考實現策略的方法論

如果為了達成目的所制定的大方向計策是「策略」，那麼為了執行策略所構思的局部計策就是「戰術」。具體而言，戰術包括組織、架構、行動方針等，也就是製作實際執行企畫時的設計圖。在這個階段，使用框架前有幾個必須留意的重點，就是俯瞰事物，以及同時觀察整體和局部。

俯瞰是從高處往下眺望的意思；而在本書裡，指的是從制高點眺望事業結構，掌握整體的概念。我們認真思考時，思考範圍往往容易集中在局部。這時，我們必須具備的能力就是退一步，從高處凝視整個局勢，思考整體應怎麼做。此外，不只策略或戰術，日常生活中的每件事都可以套用這個方法。

該如何俯瞰呢？首先我們必須釐清整體和局部各由哪些因素構成，並掌握它們分別扮演什麼的角色、彼此有什麼樣的關聯。讓我們透過接下來介紹的「商業模式圖」、「架構圖」，以及在下一個步驟裡介紹的「KPI樹狀圖」，思考整體與局部，以及它們的連動性。

思考商業模式

商業模式（Business Model）這個詞有許多定義，本書將定義為「為了對客戶持續提供價值所需的架構」。

創意層級的資料只是「點」，當我們替創意賦予架構，它就會變成「線」或「面」，逐漸發展為商業模式。想讓創意發展為商業模式時，最具代表性的方法，就是「商業模式圖」（如下圖。詳情請見下一個框架的說明）。

例如，在想到「讓每一位使用者發揮長才」的「技術分享服務」這個創意階段，能使其發展成商業的因素還遠遠不足。想要讓它成為一項服務，需要哪些資源、需要進行哪些活動、需要哪些夥伴，在資金面又會是什麼樣的架構？透過思考這些問題，便能讓創意漸漸發展為可實現的狀態。

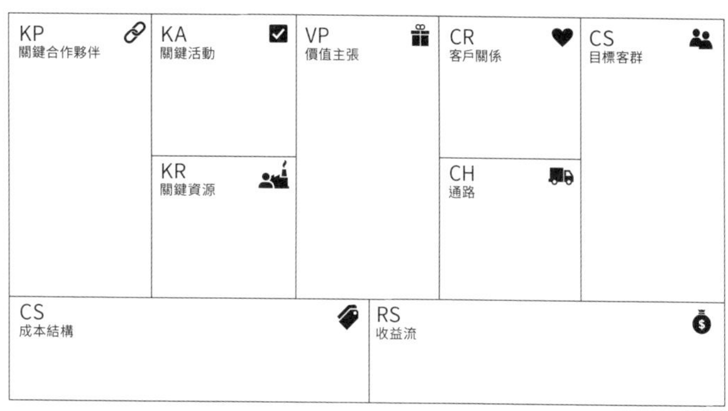

製作讓第三者也能輕鬆理解的架構圖

挑出與人、物、錢流向相關的資訊，以圖解方式呈現商業模式的「架構圖」，接下來也會說明。將「相關人物」、「兩者之間的互動」等簡潔地整理出來，有助想像實際的行動。架構圖也被廣泛應用在介紹產品或服務的網站、文宣、企畫書、提案書，向第三者說明公司事業概要時非常方便。

37 商業模式圖

將創意發展為商業模式

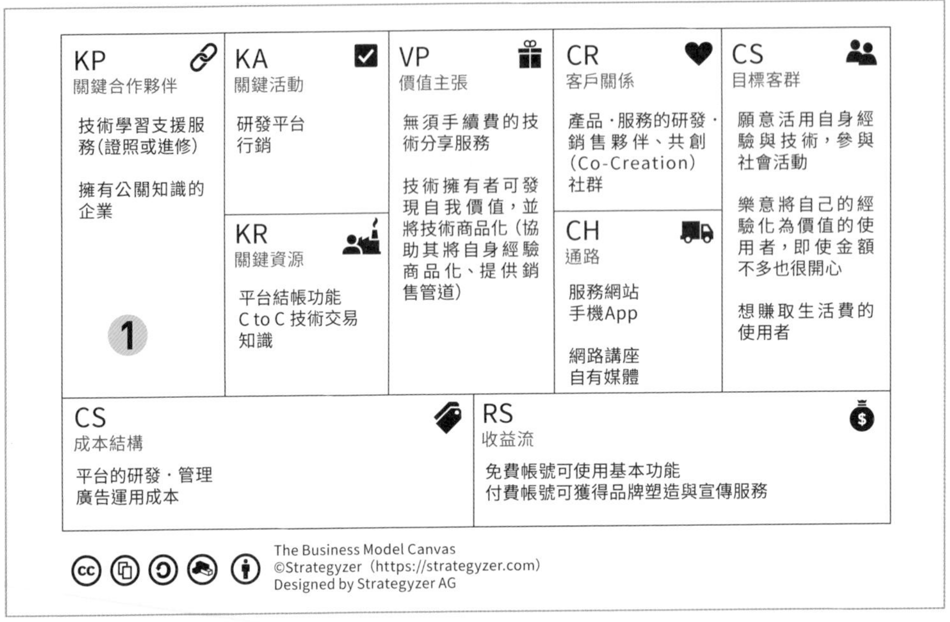

KP
關鍵合作夥伴
技術學習支援服務(證照或進修)
擁有公關知識的企業
1
KA
關鍵活動
研發平台
行銷
KR
關鍵資源
平台結帳功能
C to C 技術交易
知識
VP
價值主張
無須手續費的技術分享服務
技術擁有者可發現自我價值，並將技術商品化（協助其將自身經驗商品化、提供銷售管道）
CR
客戶關係
產品・服務的研發・銷售夥伴、共創(Co-Creation)社群
CH
通路
服務網站
手機App
網路講座
自有媒體
CS
目標客群
願意活用自身經驗與技術，參與社會活動
樂意將自己的經驗化為價值的使用者，即使金額不多也很開心
想賺取生活費的使用者
CS
成本結構
平台的研發・管理
廣告運用成本
RS
收益流
免費帳號可使用基本功能
付費帳號可獲得品牌塑造與宣傳服務
The Business Model Canvas
©Strategyzer (https://strategyzer.com)
Designed by Strategyzer AG

基本概要

向客戶持續提供價值所需的架構稱為「商業模式」，「商業模式圖」（Business Model Canvas）則是用來幫助理解商業模式的框架。整理出互相有關聯的九個因素，便能思考商業模式的原型。

包括表示提供價值的對象的「目標客群」（Customer Segments, CS）、欲提供的價值的「價值主張」（Value Propositions, VP）、提供價值的方法或管道的「通路」（Channels, CH）、思考要與客戶建構何種關係的「客戶關係」（Customer Relationships, CR）、獲得收益的方法的「收益流」（Revenue Streams, RS）、必要成本的「關鍵資源」（Key Resources, KR）、為了讓商業模式運作，組織應展開的行動的「關鍵活動」（Key Activities, KA）、提供價值時所需資源的「成本結構」（Cost Structure, CS）和委託或可取得資源的外部合作對象的「關鍵合作夥伴」（Key Partnership, KP）。

使用方法

1 [列出因素]：針對九個因素，分別寫出必要的資訊。九個因素的思考順序會隨目的或狀況而異，因此這裡不特別列出。但如果像右圖用大分類的方式來思考，便能輕鬆列出。

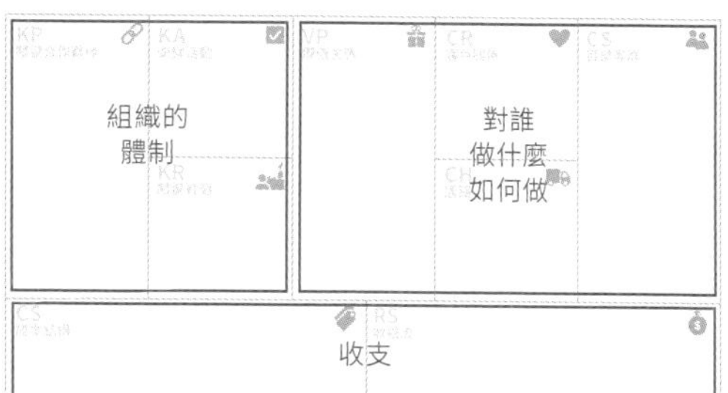

2 [補充不足的部分]：整理 1 中列出的內容，補充不足的部分。如果需要補充更多資料，可以運用「人物誌」（請參照→**15**）、「4P＋提供內容與對象分析」（請參照→**19**）和「價值鏈分析」（請參照→**20**）等框架。

3 [謄寫]：根據一開始列出的因素與 2 補充的資料，重新整理內容，完成商業模式圖。

促進思考的提問

構思出來的商業模式是否可行？

欠缺的資源該如何補足？

如何提升競爭優勢？

如何更輕鬆地找到夥伴？

CHECK POINT

- ☑ 已理解創意和商業模式的不同
- ☑ 價值提案的內容能令客戶滿意
- ☑ 具有可持續的收益性

38 架構圖

將主要人、物、錢的流向視覺化

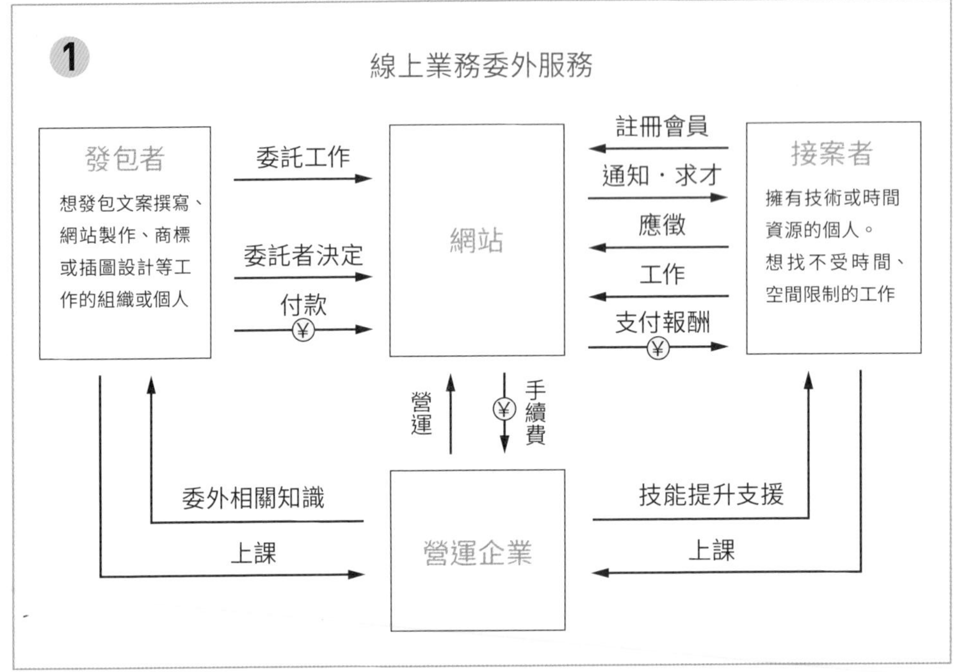

基本概要

「架構」的英文是「scheme」，具有計畫、組織、構造等意義；本書將它定義為「組織在提供價值、獲得收益所需的事業架構」。「架構圖」以圖示呈現，讓第三者能一目了然的框架。

架構圖中使用的資料，是主要人、物、錢之間的關聯性。「人」指的並不只是個人，也包括組織。「物」除了指物質因素，也包含資訊等無形因素。

而所謂的關聯性，則是指出現在人・物・錢這三種因素間進行的活動。思考關聯性時，也會同時整理某個因素與其他因素之間的從屬關係。圖解時，請特別留意在「商業模式圖」（請參照→37）中繪製的價值提供架構和「人」的角色。

使用方法

準備 **[事先整理資料]**：確實掌握欲繪製架構圖之事業架構的相關資訊。請確認在商業模式圖中出現的九個因素是否已整理好。

1 **[配置資料]**：資料整理完畢後，即可圖解人・物・錢的關聯性或流向。每個因素要寫到多詳細，必須隨著目的做調整。資訊太多、太複雜時，可以先完成整體架構，再另外針對特定項目深入探討。

例 **撰寫規則**

本書以方塊表示人和物，以「¥」符號表示錢，以箭頭表示關聯性；箭頭旁會附註兩者的互動內容。將自身公司的事業放在中央，再把其他相關要素配置在上下左右，便可一目了然。

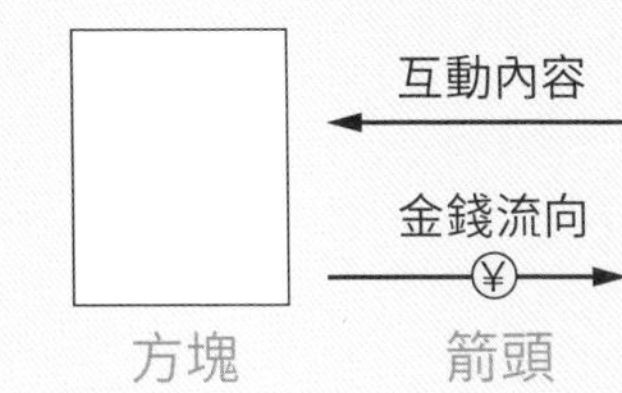

促進思考的提問

- Q. 人、物、錢的流向為何？
- Q. 能否寫得更詳細一點？
- Q. 有希望的方塊或互動方式嗎？
- Q. 相反地，有不必要的因素嗎？

CHECK POINT

- ☑ 人、物、錢的流動形成循環
- ☑ 互動的方向（箭頭）是正確的
- ☑ 第三者可以一眼明白整體的關聯性

39 AIDMA

注意客戶的心理轉變過程，思考溝通策略

	認知階段	感情階段			行動階段
	注意 Attention	興趣 Interest	欲望 Desire	記憶 Memory	(購買)行動 Action
1 客戶狀態	出社會後，發現身邊很多朋友都在騎公路自行車，因此自己也開始感興趣。	尋找鄰近的自行車行。在網路上搜尋店面和品牌時，偶然發現 A 公司店長的部落格。	知道有針對初學者開設的課程，考慮參加。	在不時閱讀的 A 公司店長部落格發現自行車體驗課程的日子快到了。	參加自行車體驗課程後，決定購買公路自行車。
2 客戶需求	想了解基礎知識、價格行情和規格等。	希望有個人經營、離自己近、老闆好溝通的店家。	期待能實際體驗。對獨自參加略感不安。	想確認目前的流行趨勢和優惠情報。	希望活動很有趣。想得到參加者獨享優惠。如果有喜歡的產品，希望價格也能再商量。
3 溝通策略	寄送推薦產品的 DM。介紹針對初學者的自行車部落格。	提供大廠無法做到的產品比較表。設置免費的諮詢會或論壇。	公告初學者試騎活動。介紹過去參加者的感想（也包括獨自參加者的感想）。	持續提供推薦產品的資訊。再次宣傳活動。公布參加者獨享優惠。	舉辦活動。製作並且發放參加者獨享的折價券。

基本概要

「AIDMA」是將消費者的購買過程視覺化的框架之一。本框架將消費者從注意到產品或服務到購買之間的過程，分為「Attention」（注意）、「Interest」（興趣）、「Desire」（欲望）、「Memory」（記憶）、「Action」（購買）等五個階段。因為可以站在客戶的視角設計策略，所以在行銷、業務、宣傳等各領域中構思策略、策畫改善方案時，都能活用。

只要活用本框架，就能將客戶從注意到購買等各階段的狀況、煩惱等視覺化，並設計適當的溝通策略。另外，客戶體驗旅程圖（請參照→17）也可運用在這種溝通策略的設計上。

使用方法

準備 **[事先設定人物誌]**：為了更具體地想像狀況，必須先設定客戶的形象。可運用第 2 章介紹的人物誌（請參照→15）。

1 **[寫下客戶的狀況]**：寫下從注意到購買的各階段中，客戶分別處於什麼狀況，整理出客戶在什麼地方接觸到什麼樣的資訊、又採取了什麼行動。可先釐清作為目標的「Action」（購買）階段，再思考其他階段。

2 **[列出客戶的需求]**：寫出客戶在各階段的需求、煩惱和課題。

3 **[設計溝通策略]**：設計反映 1 和 2 所列出的狀況和需求的溝通策略。溝通策略就是指與客戶之間進行的互動。重點是從廣告、電子郵件、招牌、傳單、面對面的對談、空間營造等各種面向的選項中，挑選出最適當的方法或組合。

促進思考的提問

- 如果換成自己，會對什麼高興或不滿？
- 客戶在進入下一個階段時，有什麼阻礙？
- 客戶感受的負面因素是什麼？
- 能否掌握客戶的潛在需求？

CHECK POINT

- ☑ 已明確寫出希望客戶採取的行動
- ☑ 已配合各階段的需求，設計出妥善的溝通策略
- ☑ 不只站在製作者的角度，也站在客戶的角度進行確認

40 甘特圖

將工作計畫視覺化

1 任務名稱	開始日期	2 結束日期	負責人
設計活動企劃			
現狀分析	6/1	6/2	山田
決定概念・目標	6/3	6/5	山田
專案設計	6/3	6/5	山田
挑選客戶 DB	6/3	6/5	宮下
設計公告工具的概要	6/3	6/5	宮下
製作簡易企畫書	6/3	6/5	宮下
宣傳・招攬客戶			
製作公告・報名網站	6/6	6/10	伊藤
製作傳單	6/7	6/10	江本
製作電子報內容	6/7	6/10	江本
寄發電子報	6/11	6/27	江本
在社群網站宣傳	6/13	6/29	江本
發傳單（合作店家）	6/13	6/15	太田
發傳單（車站出口）	6/16	6/29	太田
活動營運			
活動當日營運（詳見附件）	6/30	6/30	鈴木

3 6月：01 02 03 04 05 06 07 08 09 10 11 12 13 14 15 16 17 18 19 20 21 22 23 24 25 26 27 28 29 30

基本概要

「甘特圖」（Gantt Chart）是在專案管理或任務管理時使用的橫條圖任務一覽表，是一種可將工作計畫或工作進度視覺化並與他人共享的方法。用於個人單獨工作時固然也很方便，在多名成員合作時，更能讓「誰要在什麼時候之前執行什麼工作」變得更明確，同時可彼此共享。

我們在第 3 章和第 4 章思考了具體的策略和目標。透過在甘特圖中填入執行日期，便能將策略和目標化為可行的計畫。具體而言，首先設定專案的目標和截止日，再倒推回去，整理需要執行的任務項目、日期與負責人。此外，若想更仔細掌握任務與任務之間的關聯，可以與「PERT 圖」（請參照→51）搭配使用。

使用方法

準備 [列出任務]：設定專案或策略的目標，逐一列出到達目標所需的任務（工作項目）。

1 [整理任務並填入表中]：將任務依類型分類，並依照執行順序列成一覽表。若任務數量太多，我建議各位利用「邏輯樹狀圖」（請參照→05）與 MECE 的概念，先製作任務樹狀圖，再完成甘特圖。

2 [填入任務的基本資料]：寫出各任務的基本資料。左頁範例的基本資料包括任務名稱、開始日期、結束日期和負責人。此外，也可以視目的另外填入期間（開始日期至結束日期的天數）、進度、完成率等項目。

3 [填入時間點]：將每個任務執行的時間點以橫條圖填入。在範例中，時間軸的單位是「日」，但也可以設為「月」或「週」，請自行斟酌適當的間隔，設計出一目了然的表格。

促進思考的提問

- 在達成目標前有哪些任務存在？
- 平常是否已掌握工作所需的時間？
- 任務有極端地落在某個負責人身上嗎？
- 是否就算發生意外狀況，也能立即支援？

CHECK POINT

- ☑ 必要的任務皆已列出
- ☑ 甘特圖已是能與其他成員共享的狀態（為了確保共享最新狀態，可使用線上工具製作）

41 組織圖

將事業的實施體制視覺化

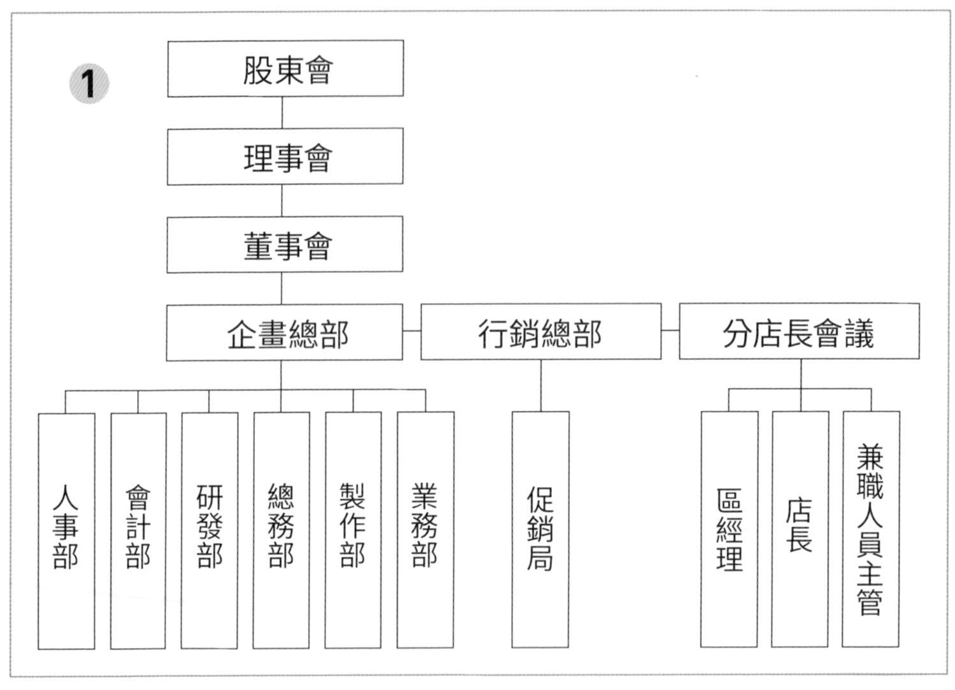

基本概要

「組織圖」是將企業在執行・經營事業時，各部門的編制、各職位的關聯性以圖解呈現的圖表，有助於掌握整體的功能和各成員的職責。大部分都以樹狀圖呈現，除了各部門的關聯性，也一併整理出責任歸屬、指示・報告的傳達管道等。執行新專案時也很有幫助。

另外，活用組織圖，就等於檢視組織的狀態。常見的組織包括由上而下的經營者主導型組織、跨部門達成一個目的的專案型組織、平板型組織等；透過組織圖，可以思考理想的組織型態。

使用方法

準備 [掌握構成要素]：列出並整理構成組織的部門、成員與相關人員。構成要素會根據情況而有所不同，有時可能是公司整體的組織圖，有時可能是單一專案的組織圖。請視情況決定範圍，並鉅細靡遺地列出各個要素。

1 [整理關聯性並圖解]：整理構成要素的關聯性並以圖呈現。組織圖有許多不同的呈現方法，除了左頁範例外，也可以參考下列的概念製作。

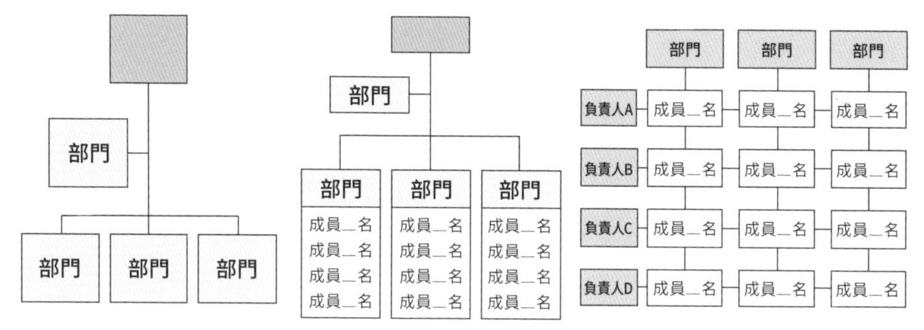

促進思考的提問

你的公司是由上而下，還是由下而上的組織？

什麼類型的組織最為理想？

有沒有欠缺的部門（功能）？

組織圖的受眾是誰？

CHECK POINT

- 指示系統與報告路徑皆一目了然
- 已與相關人員共享組織圖
- 已有概念未來該如何強化組織架構

STEP 3

設定目標

將數字放入策略、戰術中

在這個步驟，我們會設定目標，並思考設定目標所需的指標。換言之，我們會將具體的數字填入到目前為止思考的內容。距離實現創意，只剩最後一哩路。

設定目標的意義

先讓我們釐清為何要設定目標。聽起來或許理所當然，透過設定目標，我們追尋的終點會變得更具體。如此一來也能評估效果，改善策略。

設定目標的另一個意義，是幫助我們避免偏離原來的目的和中長期的視角。當一個人忙於眼前的工作，往往會忘記自己的目標；建議你一開始就製作接下來介紹的「路線圖」與夥伴共享，放在隨時都能查閱的地方。

設定目標的兩個階段

目標的設定，一般是在制定目的、策略、戰術之後，大分為兩個階段進行。首先設定「指標」（要測量什麼），再設定具體「目標值」。

假設目的是「解決人才不足的問題」，戰略是「著力於在非畢業季徵才」，而戰術之一是「製作非畢業季徵才專用的公司自有媒體，招募人才」。這時，徵才媒體的點閱次數、求職者洽詢次數、面試次數、錄取人數等，便成為指標。如此一來，每月有 5,000 次點閱、每個月有 5 件洽詢、面試 4 人、錄取 1 人、半年之內錄取 6 人等，就是目標。

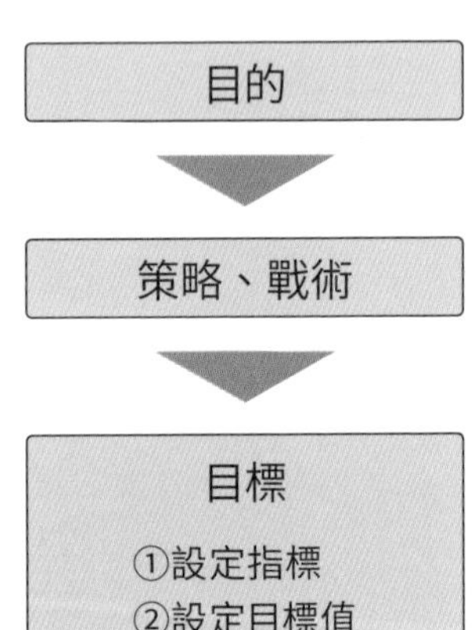

將目標拆開思考

除了目標與指標的關係，另一個重點是「把目標拆解成小目標」的概念。以下介紹兩個方法。

第一種概念是將終極目標分為幾個階段。如果目標很難一口氣達成，可以視達成目標的難度，設定多個小目標，便能一步一步朝著目標邁進。重要的是必須思考如何「踏出第一步」。

第二種概念是拆解目標的構成要素，根據屬性設定目標。這個概念就類似目標版的邏輯樹狀圖，也就是在設定目標後，再進一步設定更詳細的目標。詳情請參考後面的「KPI 樹狀圖」。

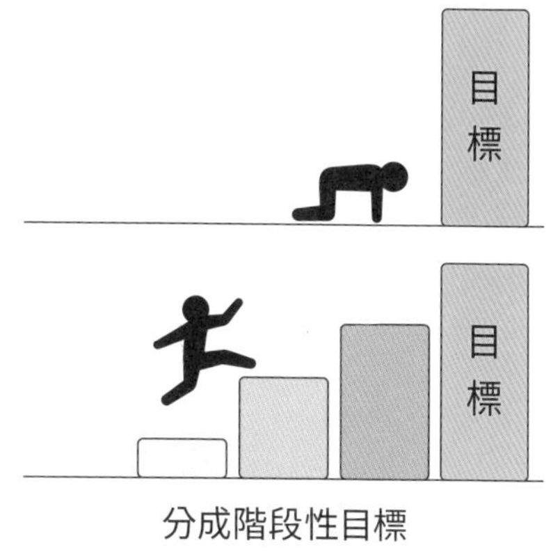

分成階段性目標

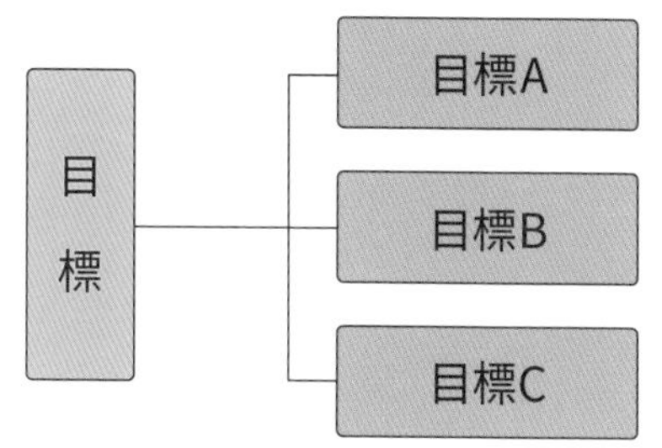

根據屬性設定目標

若無法順利按計畫進行，則關鍵在於反思與改善

設定目標後，剩下就是安排日程表，努力執行了，不過我想在此先提一下執行之後的重點。

即使運用本書介紹的框架設定了目標，執行之後，也可能遇到無法按計畫進行的狀況。設定目標並不是終點，而是起點；關鍵在於必須朝最終目的，不斷重複實踐與改善的循環。在循環過程中總會出現新問題，但實踐的結果也會慢慢累積。以本書的順序來說，就是再回到第 1 章，重新發現問題，接著再設定課題。為了獲得更好的結果，請不厭其煩地持續探究下去。

42 路線圖

將到達目標的路徑視覺化

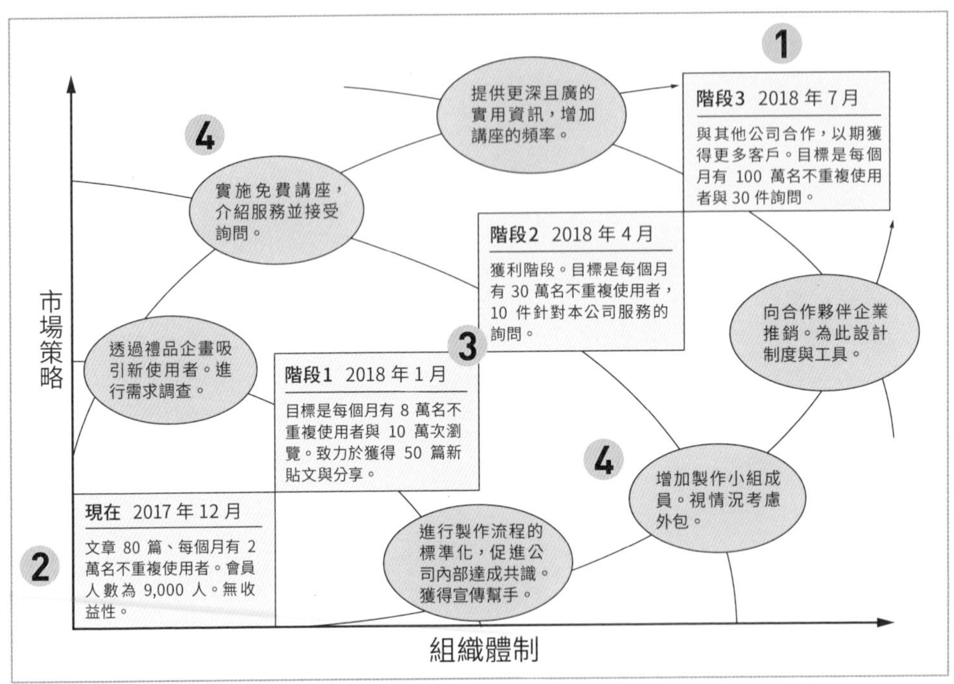

基本概要

「路線圖」（Road Map）是可呈現出達到目標前必須經過哪些步驟的預定表。加入時間、成本、必要資源等因素，使邁向目標的路線更為明確，方便與他人共享。

路線圖可將一項事業未來發展的長期概念加以視覺化，並與他人共享。同時，在該事業實際營運後，當相關人員對未來走向或著力點產生歧見，路線圖也能成為幫大家回到原點的共同語言。此外，路線圖亦可用來對投資者、贊助商、合作夥伴等外部資源展現事業的未來性。

使用方法

1. [列出目標]：將想要到達的終點（未來的目標）寫在最右上的格子。為了使計畫更具體，請填入日期。

2. [寫出現狀]：在最左下的格子裡，填入在這個目標之下，目前的現狀為何。

3. [設定中程目標]：設定在達成終極目標之前的階段性目標。這時的重點是請從終極目標開始回推，設計各階段應該做的事，而非用從現狀開始往上堆疊的方式思考。

4. [思考策略與體制規畫]：思考達成階段性目標所需的「市場策略」與「組織體制規畫」。所謂市場策略，就是行銷宣傳策略、業務策略、產品策略等與對客戶提供價值直接相關的策略。而組織體制則包括人才聘用、技術學習、系統建構、資金週轉等與組織內部相關的事。

促進思考的提問

- 在達成目標的過程中，有沒有可能成為阻礙的事物？
- 能否用一半的時間達成終極目標？
- 能否用一句話概述各中程目標想達成什麼？
- 每個階段分別想獲得什麼？

CHECK POINT

- ☑ 已明確呈現終極目標
- ☑ 第一個目標的等級適切（第一步是否明確）
- ☑ 已描繪出補充不足資源所需的腳本

43 KPI 樹狀圖

將指標拆解並統計

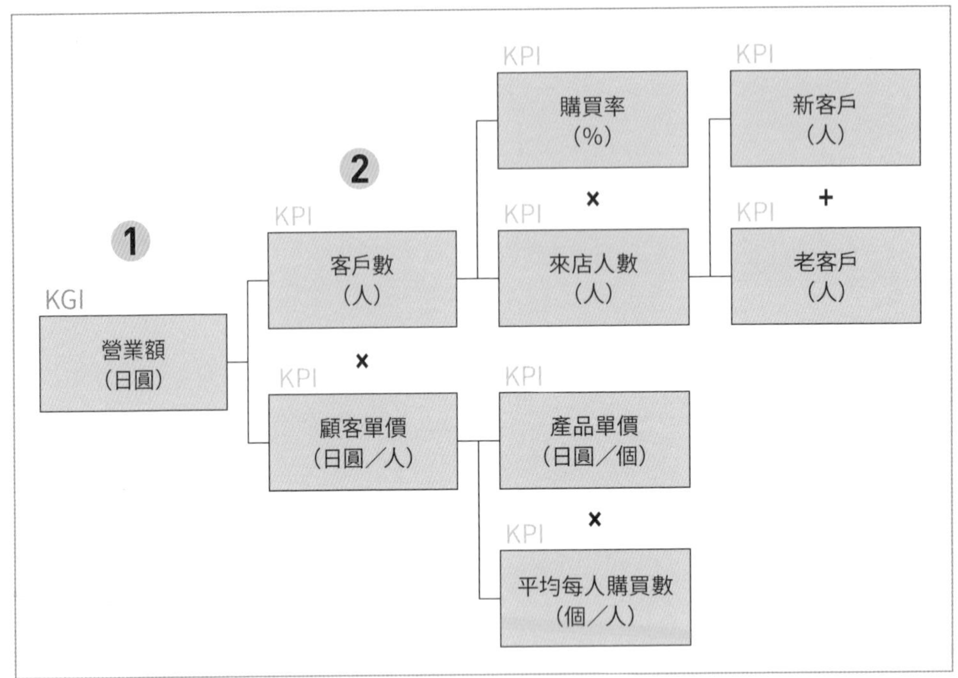

基本概要

KPI(Key Performance Indicator)是關鍵績效指標，也就是一種定量衡量業績的指標。經營事業時，個人或組織應達成的終極目標，則稱為 KGI(Key Goal Indicator，關鍵目標指標)。幫我們將 KGI 拆解成作為階段性指標的 KPI，用定量方式測量進度，以利改善的框架，就是「KPI 樹狀圖」。一般會如上面範例，繪製成以 KGI 為頂點的樹狀圖。

製作 KPI 樹狀圖，仔細地設定指標並進行評估的優點，就是可以設計具體的策略、進行改善與分工。此外，KPI 樹狀圖完成後，只要再分別設定各 KPI 的實際目標數值，便能製成目標樹狀圖。

使用方法

1 [設定 KGI]：設定作為樹狀圖頂點（目標）的 KGI。範例中的 KGI 是「營業額」。

2 [拆解成 KPI]：思考將 KGI 拆解成什麼樣的 KPI。在範例中，首先將「營業額」這個 KGI 分成「客戶數」和「客戶單價」這兩個 KPI，再分別細分成更細的 KPI。

補充 拆解為 KPI 時的重點

拆解前的因素，必須能以拆解後因素的加減乘除（＋－×÷）來呈現。例如「營業額」這個 KGI，就能用「客戶數」乘上「客戶單價」算出。而「來店人數」則可用「新客戶」加上「老客戶」呈現。這時必須留意從 KGI 到末端 KPI，計算結果的單位必須一致。若想探討得更仔細，還可依照客戶的種類或每樣產品繼續細分，設定 KPI。

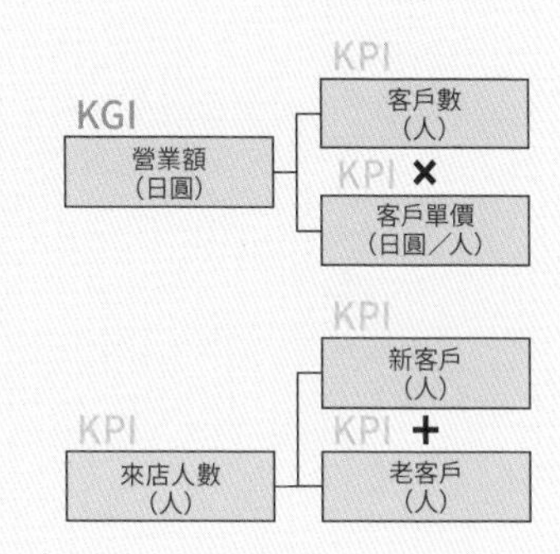

促進思考的提問

從頭到尾的過程是否都能拆解？

成長空間最大的 KPI 是什麼？

能否從 KPI 獲得設計戰術的新觀點？

能否用定量方式測量定性因素？

CHECK POINT

- 各 KPI 確實以加減乘除的關係呈現 KGI
- 設為 KGI 與 KPI 的指標皆能實際測量
- 已明確指出讓事業成功的關鍵因素

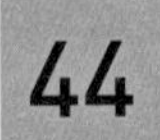

44 AARRR

設定獲益前各階段的指標

	① 客戶體驗	② KPI	③ 結果	比例	② 目標值
獲得 Acquisition	得知此服務的存在，造訪網站。註冊免費試用帳號。	1. 初次造訪網頁次數 2. 免費試用帳號註冊人數	9,500 人 6,745 人	100% 71%	100% 80%
活化 Activation	註冊免費試用帳號後，在「無限觀賞影片」一覽頁面收看想看的連續劇。	3. 註冊後，已收看 1 部以上影片的客戶數	5,035 人	53%	60%
持續 Retention	在首次使用後 1 週內，再度收看「無限觀賞影片」。	4. 1 週內再次造訪網頁，收看 2 次以上的客戶數	2,090 人	22%	40%
獲利 Revenue	對服務的品質感到滿意，在免費試用後加入月繳 500日圓的付費會員 繼續使用。	5. 加入付費會員的客戶數	380 人	4%	20%

基本概要

「AARRR」是把從獲得客戶到獲利之間的過程分為五個階段，設定適合各階段的 KPI（關鍵績效指標），驗證假設的框架。具體而言，包括「Acquisition」（獲得）、「Activation」（活化）、「Retention」（持續）、「Referral」（介紹）、「Revenue」（獲利）等五個階段。用漏斗的概念來思考各個階段，便能更簡單地找出最應該優先改善的地方。這裡介紹的是聚焦於「獲得」、「活化」、「持續」和「獲利」等四個步驟的 AARRR 應用範例。

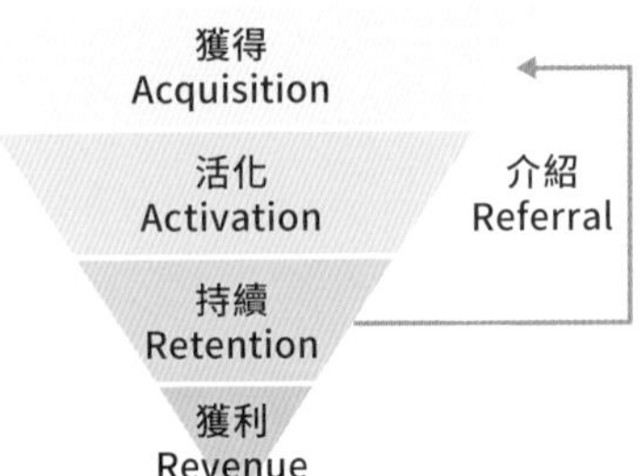

使用方法

1 [寫出客戶體驗的流程]：寫出客戶經歷的主要價值體驗。

2 [設定 KPI 與目標值]：設定各階段的 KPI。範例是將「到達各階段的人數比例」（下稱「比例」）設為目標，加以應用。若要考慮範例中省略的「介紹」，則可將社群網路的分享數或邀請數設為 KPI。

	內容	KPI 設定範例
獲得	向客戶宣傳服務內容，希望客戶註冊	造訪次數、下載數、註冊人數等
活化	希望讓客戶首次使用就獲得極高的滿意度	使用、操作、體驗的次數與時間等
持續	希望能獲得持續性的使用（高使用率）	再訪次數、再次使用次數、連續使用日數等
獲利	希望能獲利或提升收益性	購買數、金額、廣告播放次數等

3 [構思測量與改善方案]：整理實測資料並進行分析。這時可將重點放在比例上，思考哪個階段的比例應該提升多少，如此便更容易構思改善方案。

促進思考的提問

Q. 能加速成長的因素是什麼？

Q. 必須優先改善哪個階段的數值？

Q. 該如何將客戶體驗做到最好？

Q. 能否將 KPI 拆解得更細？（用 KPI 樹狀圖（請參照→43）來拆解）

CHECK POINT

- ☑ 各階段的減少率已透過視覺呈現
- ☑ 已掌握客戶逐漸離去的原因
- ☑ 已有明確的改善方案

45 SMART

提升目標設定的品質

目標設定 增加負責門市的粉絲

Check!!

1 Specific 具體	粉絲的定義為「1 個月內再訪的客戶」。 目標是首次來店後 1 個月內的再訪率+30%。
2 Measurable 可測	將 1 個月內的再訪率當作指標。 計算來店禮通知信裡所附之折價券的點閱率與使用率。
3 Achievable 可實現	目前的再訪率為 8%，但由於之前沒有實施過任何策略，所以還有很大的成長空間。 達成目標的關鍵在於與現場工作人員取得共識。
4 Result-based 結果導向	若能幫助提升「再訪者人數」(率)，就能提升組織整體的利益（營業額—成本）。
5 Time-bound 具有時效性	在 3 個月後的月底統計時，達到 1 個月內再訪率+10%

基本概要

「SMART」是一款用於設定優質目標的框架。個人或組織想達成目標時，目標必須具體，且任何人都能明白為了達成目標，有哪些事情是必須完成的。SMART 使用「具體」（Specific）、「可測」（Measurable）、「可實現」（Achievable）、「結果導向」（Result-based）、「具有時效性」（Time-bound）等五個因素來檢視目標，提高目標設定的品質。

最重要的是目標難度的設計。倘若目標太低，組織的能力便無處可用；倘若目標太高，則可能造成後繼無力的狀況，這當然也不理想。請根據調查資料或現狀分析，設定富有挑戰性且適切的難度。

使用方法

1 ［**具體思考目標**］：確認目前設定的目標內容是否具體，敘述目標的文字是否淺顯易懂。

2 ［**確認是否可測量**］：確認目標的達成率和進度皆處於可用定量方式測量的狀態。能以定量方式測量，才能與成員共享、進行改善。

3 ［**確認是否可實現**］：確認目標是否可達成。重點是目標應該設定為稍微有點挑戰性，難度不能太高、也不能太低。

4 ［**確認是否為成果導向**］：確認是否與更高一層的目標互相連結。請思考是否能對組織整體的終極目標有所貢獻。

5 ［**確認期限**］：思考必須在什麼時間之前完成目標。目標必須有期限。

促進思考的提問

一個好的目標應該具備什麼條件？

阻礙目標達成的因素是什麼？

能否更具挑戰性？

是否致力於設定一個能促進成長的目標？

CHECK POINT

- ☑ 目標設定淺顯易懂，任何人都能理解
- ☑ 已明文界定個人目標與組織目標，並與成員共享
- ☑ 有機會反思目標達成後的結果並進行改善

專欄　回測與預測

我們在第 4 章探討了該如何將創意實現。在思考未來藍圖時必須掌握的兩種概念，就是「回測」（Backcasting）與「預測」（Forecasting）。

以未來為起點思考，還是以過去到現在為起點思考

「回測」是先描繪作為目標的未來藍圖，再以這個未來為起點，倒推回現在的思考方式。當過往的方法無法解決問題，想思考新方法時，便能派上用場。另一個特徵是，由於應該努力的目標相當明確，所以更容易繪製通往目標的路線。

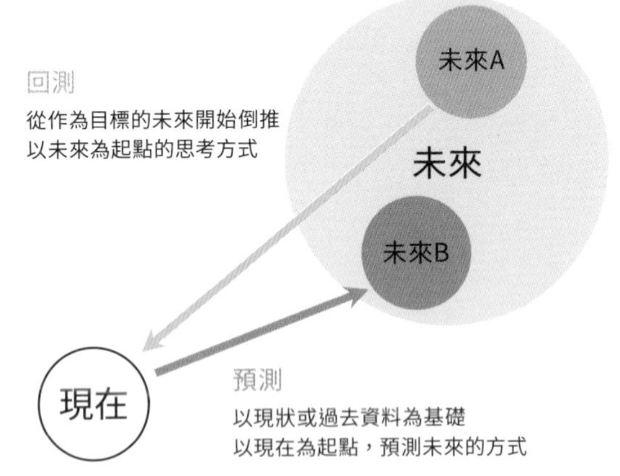

近年有愈來愈多人使用回測進行規畫；不只是商務人士，這個概念對每個人都很重要。本章介紹過的路線圖，正是回測的方法之一。話雖如此，回測也並非毫無缺點；遇到必須從現狀構思短期計畫，或遇到緊急狀況時，便不適合使用這個方法。

「預測」則是以現在為起點來預測未來的方法。在思考短期內的計畫，或在分析現狀或過去的資料後，根據分析結果擬定策略時，都可以使用。這個方法有助我們利用現狀優勢，訂立具高實現性的目標。不過缺點是由於一定是站在過去的基礎上描繪未來，所以難以想出嶄新的創意，未來的目標也比較難確定。

這兩種概念各有優缺點，運用框架時，請務必均衡使用，使兩者互補，持續修正自己的想法。

改善業務

STEP 1 反思結果

掌握現狀，思考下一個行動

從第 1 章到第 4 章，我介紹了各種從設定問題．課題到設計解決方案的過程中能運用的框架。在第 5 章，我將介紹實際執行業務後，反思並改善結果的方法。首先，讓我們來看看反思結果的方法。

釐清做得好與需要改善的地方

策略、戰術等在現場執行的業務，並非執行後就結束，而是必須搭配反思。實際執行後，請將做得好及需要改善的地方視覺化，以作為下一步的參考。討論執行與改善過程最有名的框架，就是「PDCA」。

PDCA 是由表示規畫策略、戰術、業務行程的「Plan」與代表執行計畫的「Do」、表示檢核執行成果的「Check」和表示根據檢核結果來策畫並實施改善方案的「Action」等四個步驟所組成。本章介紹的「反思」相當於 Check 階段。無論是經營管理、業務或製造業的現場，每個階層都能運用 PDCA 的概念。

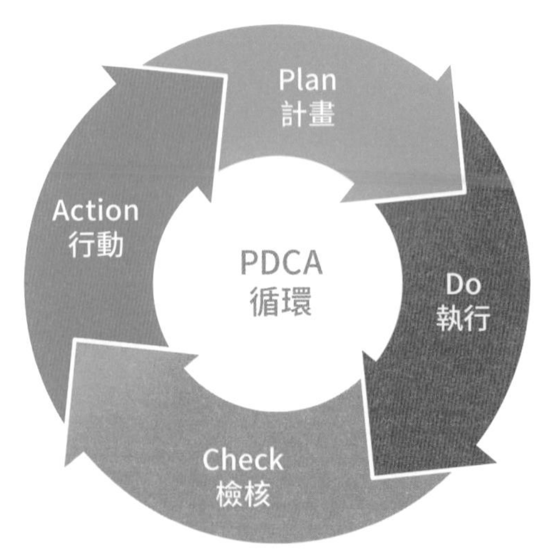

只將眼光放在執行（Do）上，而疏於進行適切反思（Check）的情況時有所見。為了讓付出的努力和成本獲得最大成效，我們必須確實且有效率地進行反思。

透過反思，將「假設」與「結果」之間的落差視覺化

在將做得好及需要改善的地方加以視覺化的同時，反思還能幫我們釐清「假設與結果之間的落差」。假設是事前預想的內容，例如「只要這樣做，應該就能解決問題吧」、「目標應該能達成吧」等。儘管預想時已使用許多資料與策略，但實際執行後，仍會發現許多地方不如預想般順利。思索改善方案的第一步，就是釐清假設和結果（現實）之間的落差何在。

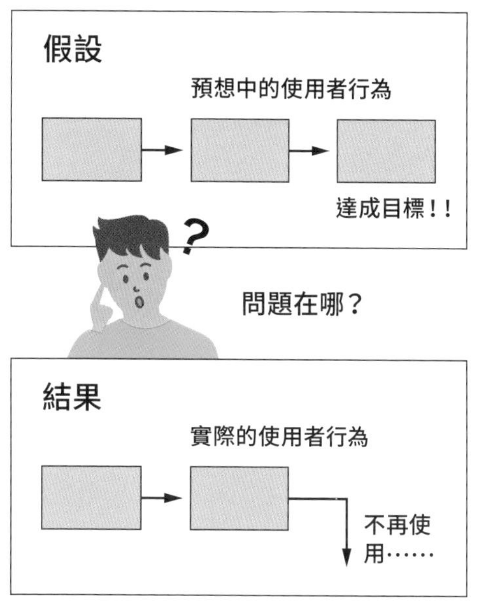

這個步驟將介紹「KPT」、「YWT」、「PDCA」（檢核表）等反思時可派上用場的框架。第1章介紹的「As is ／ To be」也有助於釐清假設和結果之間的落差，可一起運用。

與其追究責任，不如探討該如何改善

一般人在反思過程中思考問題或失誤的原因時，往往容易聚焦於「是誰的錯」，演變成追究責任或互相推卸責任。然而一旦追究起責任，重點可能就會變成捍衛個人立場的想法或發言，無法想出促進整個組織發展的好點子。進行反思時，比起追究問題或失誤的責任，更應追究問題或失誤發生的原因等業務流程或組織架構上的因素，進而探討改善的方法。召開檢討會時，請制定規則，避免流於針對個人的攻擊。

46 KPT

反思業務進行過程，思考接下來的行動

1 保持 Keep	3 嘗試 Try
・透過詢問，得知自身公司服務哪裡吸引人 ・被稱讚「說明得很清楚」 ・已掌握參展流程和必要工具	・準備問卷（事先設定幾個一定會問的問題） ・安排一個人專門負責收名片 ・引導對方關注公司的社群網站或加入 LINE@ ・將實例增加至十個（可對應不同業種） ・除了活動通知，同時發送實用資訊等，以顧及無法參加展示會的人 ・將展示會上的溝通內容整理成 Q&A
2 問題 Problem	
・一心想收名片，有時態度不夠禮貌 ・內容沒有引人注目的亮點 ・參展前後的宣傳沒有做好 ・實例太少（這次只準備了三個）	

基本概要

「KPT」是一款利用「Keep」（保持）、「Problem」（問題）與「Try」（嘗試）等三個因素反思業務現狀的框架，可以幫助整理優點與缺點，思考今後的行動。KPT 的目標，是將每個人在業務進行所感受到的課題或發現轉變為團隊的課題或發現。進行 KPT 時，請著重於過程或工作方法，而非只看既定事實或數字上的結果。

KPT 最理想的狀況是每週或每月定期實施，而非只單獨實施一次。請隨時更新 Try 的內容，以提升業務內容、工作方法和團隊定位的品質。

使用方法

準備 [確認前次的 Try]：確認前一次 KPT 中設定的 Try 內容（若是首次實施，請直接從①開始）。

① [列出保持的事項]：根據前次設定的 Try 與目前的業務狀況，寫出持續保持的事項（Keep）。保持的內容包括做得好、成功的地方。

② [列出需要改善的問題]：寫出問題（Problem）。列出問題的目的並不是指責，因此探討問題的原因即可，不要攻擊個人或究責。

③ [列出新的挑戰]：根據 Keep 和 Problem，思考接下來要挑戰的新事項（Try）。列出 Try 時，必須寫下可成為行動的句子，例如應該寫「將確認的次數增加為兩次」，而非「注意不要犯錯」。如此一來，在下次的 KPT 便能進行反思。

促進思考的提問

- 你發揮了幾成的能力？
- 對自己來說最大的挑戰是什麼？
- 可以從失敗裡學到什麼？
- 有沒有反覆出現的 Problem ？

CHECK POINT

- ☑ 已清楚列出有必要改善的事項（已打造可自由發言的環境）
- ☑ 已將 Try 作為行動寫出
- ☑ 利用 KPT 進行會議的方法已在內部普及，任何人都能主持會議

47 YWT

從經驗中學習，加以應用

1 Y：做到的事

- 檢視網站設計、強化宣傳（更新不定期發文的公司部落格）
- 撰文並發文（90 篇／3 個月）
- 蒐集 3 個月的訪客、使用者資料

2 W：理解的事

- 網站整體設計非常重要
- 重新體認人物誌設定的重要性
- 邊考慮 SEO 邊撰寫文章很花時間
- 了解相對於搜尋次數的平均造訪次數
- 改善最重要（文章的修正或補充）

3 T：接下來要做的事

- 將人物誌再次化為文字，與夥伴共享（同理心地圖也由團隊全體成員一同製作）
- 做好撰寫文章的準備（標準化）
- 使文章更易閱讀（增加視覺要素）
- 分配撰文相關工作
- 致力於提升造訪次數與回應速度
- 製作介紹服務用的著陸頁
- 製作 KPI 樹狀圖，再次檢視具體的目標值

基本概要

「YWT」是透過「Y 做到的事」（やったこと，羅馬拼音 yattakoto）、「W 理解的事」（わかったこと，羅馬拼音 wakattakoto）、「T 接下來要做的事」（次にやること，羅馬拼音 tugiyarukoto）這三個項目反思，並接著進行下一步的框架。YWT 的使用方法與 KPT（請參照→46）幾乎一模一樣，唯一的差異是進行反思時，KPT 會將重點放在業務內容、目標或需要改善的地方，而 YWT 則是放在個人或團隊從經驗中學到的事物。

有一種並非透過知識，而是透過經驗來學習的學習型態，稱為「經驗學習法」，其有個步驟是反省自身經驗，將從中學到的事物概念化；YWT 的 W（理解的事）就相當於這個步驟。重要的是，請將自身的經驗化為概念，轉換為可重現的知識或技巧。

使用方法

1 [列出做到的事]：寫下在企畫營運或每天的業務中做到的事（Y）。可以用活動、專案結束的時間點或月底等時間軸來區隔，將該期間內執行的事項視覺化。

2 [列出理解的事]：寫出從做到的事項中理解的事（W）。這是找出自己學到了什麼、察覺了什麼的步驟。如果是多人一同進行 YWT，這便是將個人學習和察覺到的事物與團隊共享的步驟。請同時思考成功・失敗兩種體驗，將學到的事情鉅細靡遺地列出。

3 [列出接下來要做的事]：根據1和2的內容，思考接下來要做的事（T），也就是「下次的活動要怎麼辦？」、「下個月的業務要怎麼執行？」等。關鍵在於反思之後並不代表結束，重要的是持續地實施。

促進思考的提問

- 平常是否有學習的目標？
- 最辛苦和最有成就感的地方分別是什麼？
- 別人從同樣的經驗中學到了什麼？
- 能否將學到的東西化為專屬自己的理論？

CHECK POINT

- ☑ 可用文字表達自己學到的事物讓自己的哪一點有所成長
- ☑ 接下來執行的業務中有自己想學習的事物
- ☑ 已將學到的東西化為概念，可應用在其他場合

48 PDCA（檢核表）

針對目標反思結果，加以應用

1 P. 計畫	2 D. 執行	3 C. 檢核	4 A. 行動（改善）
致力於提升客戶單價。檢視客戶名單，更新有潛力客戶的名單。向 30 萬日圓方案的使用者提出追加方案 **目標** 達成 2 件單價 100 萬日圓以上的方案 拜訪 30 間有潛力客戶，並在其中 6 間進行商談	有潛力客戶名單已完成更新並與夥伴共享 達成拜訪 34 間公司，並與其中 6 間完成商談 只與 1 間公司簽下 100 萬日圓以上的方案 1 間客戶續約 30 萬日圓方案	直接拜訪讓客戶留下好印象（其他競爭對手幾乎都只透過電子郵件推銷） 無法解釋清楚兩種方案的差異。無法讓客戶感受到 70 萬日圓以上的好處 現在已經不是本公司客戶的企業也記得本公司，感覺似乎在等我們提出企畫	製作比較各方案優點的資料，並附上實例（委託負責同仁製作） 擴大有潛力名單的範圍（2 年→5 年）

基本概要

在試圖改善業務時不可或缺的「PDCA」，是透過反覆進行「Plan」（計畫）、「Do」（執行）、「Check」（檢核）「Action」（行動）等四個步驟，提高業務品質的框架。因為持續反覆進行，也被稱為「PDCA 循環」。對於提升營業額、提高產能、達成目標等各種事項的改善都有幫助。

這裡介紹將 PDCA 概念融入日常業務中的表單活用法。以月或週為單位，或以專案為單位來區隔，反思並整理 PDCA 的各個項目。透過理解業務是一種循環，並反覆進行假設與驗證，將提高業務品質的循環變成一種習慣。

使用方法

1 [寫下計畫]：寫下計畫（Plan），整理出要在什麼期間內實施哪些業務，同時將目標也一起載明。寫出可用數字測量的目標，便能進行有效的反思。

2 [整理結果]：反思計畫執行（Do）後的結果。請寫下具體實行的事項、發生的事實、結果與計畫之間的落差等。

3 [整理評價或新發現]：對結果進行檢核（Check）。整理出做得好、需要改善和其他留意到的地方。

4 [思考改善方案]：思考改善方案（Action）。可當下修正的問題就立刻處理，下次進行業務時才能修正的事項則列入計畫中。重複1～4，直到達成目標。

促進思考的提問

- 每個行動是否都具有意圖？
- 該如何提高成功率？
- 目標與執行結果出現落差的原因為何？
- 你在這次的活動期間內學到什麼？

CHECK POINT

- ☑ 計畫是在有假設的前提下訂立的
- ☑ 透過檢核，已掌握成功與失敗因素
- ☑ 已具體提出改善方案

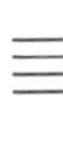

STEP 2

將業務狀態視覺化

逐一檢視正在執行的業務，進行評價

此步驟要將正在執行的業務視覺化，檢視以整體而言，目前存在哪些業務？各種業務的執行狀況是否良好？有沒有問題？以利構思改善方案。接下來將介紹適合日常業務使用的框架，以及希望你能放在心上的觀念。

業務盤點

業務盤點就是將業務的種類和內容列出，把目前存在什麼樣的業務、分別需要耗費多少成本等資訊加以視覺化。同時，也會透過調查，整理出各部門、各負責人每天花多少時間在哪些業務上。

改善業務時，必須思考該如何使業務流程（flow）或每項業務內容變得適切。盤點可說是為了達成這個目的而一覽業務的工作。盤點業務時，必須掃描每個職位的成員一天做了些什麼，將他們的業務仔細列出。也有另一種方法，是擷取某段期間的日報表，或進行訪談、觀察，羅列出業務。沒有業務標準的組織，往往連組織內存在什麼樣的業務都無法掌握，因此光是執行這份工作，便能得到許多收穫。

每項業務之間都有關聯

將業務視覺化時，必須認知到各業務並非單獨存在，而是與前後的業務互相連結的。透過業務流程，即可具體深入探究這一點。

業務流程正如其名，具有「流」的意思，而將該內容視覺化後的成果，便稱為「業務流程圖」（詳後述）。只要製作這張圖，不但能把各業務的流程和關係視覺化，更能釐清各業務會受到什麼樣的「判斷」影響。

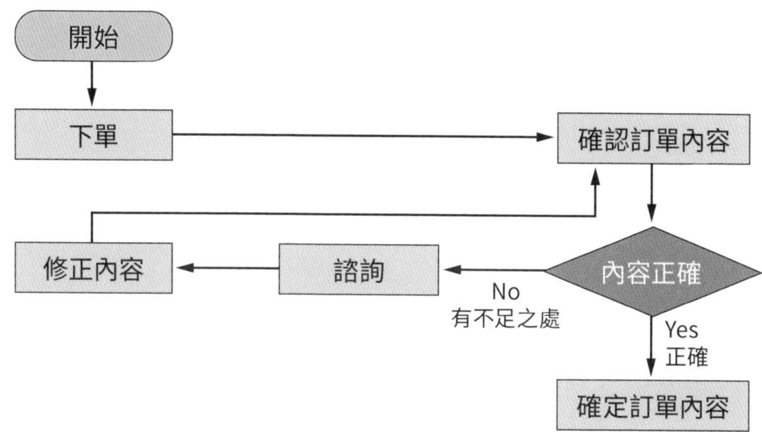

如果能進行業務盤點與業務流程圖，想必就能確認業務應有的樣貌。假如再加上「PERT 圖」，便能掌握執行業務的時間成本（所需時間）。

業務盤點請由跨部門成員進行

盤點業務或確認流程時，請盡量營造一個其他部門同仁也能參與的機會，避免由單一部門的成員進行。業務劃分得愈細，就愈難掌握組織裡哪個部門在進行什麼業務。透過跨部門的業務視覺化，可找出重複的業務，或透過合作而提升效率，有助於發現加乘作用。

49 業務盤點表

整理現有業務的一覽表

1

大分類	中分類	小分類	頻率
櫃台業務	接待來館客戶	介紹設施	每週
		接待客戶	每日
		接受客戶詢問	每日
	接待會員	管理入館／離館	每日
		接受預約／取消預約會議室	每日
		更新社群看板	每週
後勤業務	客戶管理	輸入／整理客戶資訊	每日
		管理會議室借用事宜	每日
		寄送活動消息給會員	每月
	事務	打掃業務	每日
		製作營運報告書	每週
		收取會費	每月

基本概要

業務盤點就是將目前的業務一一列出並整理。「業務盤點表」有助於將業務內容視覺化，且不會遺漏或重複。當團隊成員了解整體業務的樣貌，便能整合相同的業務，或將自己不擅長的事務委託給擅長的人處理，幫助挑出需要改善的地方。

這時需要注意「確保成員對業務內容有相同的認知」。例如上面範例中的「介紹設施」，究竟應該做到向客戶說明設施就好，還是連感謝函都必須寄送？請確保每個人對業務的開始和結束都具有相同認知。在將業務逐一列出的過程中，請讓每位成員取得共識，打造一個共通語言。

使用方法

準備 [逐一列出業務]：將各部門・各職位的成員每天進行的業務逐一列出。如右圖所示，可以順著一天的時間，將業務內容寫在便利貼上。將時間範圍調整為一週、一個月或一年，便能逐漸掌握整體狀況。

時間	執行的業務
7:00	
8:00	打掃會議室
9:00	辦理入館手續
10:00	
11:00	接待來館客戶
12:00	
13:00	接受詢問
14:00	
15:00	搬行李
16:00	整理
17:00	工作人員會議
18:00	
19:00	辦理離館手續
20:00	更新網站內容
21:00	製作報告書
22:00	

1 [將業務項目一覽化]：將列出的業務內容依照種類或等級進行分類整理。分類時，請像製作「邏輯樹狀圖」（請參照→**05**），留意內容的層級是否一致。

補充 其他需要思考的地方

有時必須根據目的，整理執行頻率、執行所需時間、負責人、人數、高峰期、執行難度、待改善處等。

促進思考的提問

- 自身公司存在哪些業務？
- 整體業務有幾成已經標準化？
- 有沒有不被認為是業務的附加工作？
- 有沒有不知為何存在的業務？

CHECK POINT

- ☑ 已整理出現有的業務一覽
- ☑ 分類的抽象度（層級）具有一致性，如「小」等
- ☑ 成員對業務名稱與內容有相同的定義

50 業務流程圖

將業務的流向和關聯視覺化

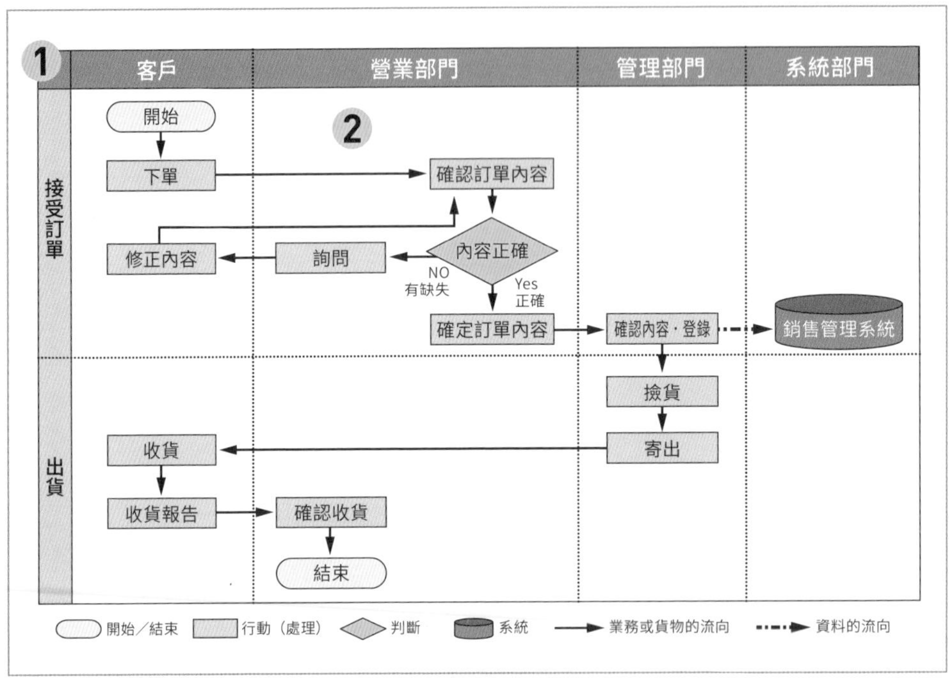

基本概要

「業務流程圖」是將業務流程圖表化，便於透過視覺掌握的方法，可以讓我們清楚看見公司裡存在哪些業務，而這些業務是由什麼人、在什麼時候、因為什麼、根據什麼判斷而進行的。此外，更可幫助成員取得共識，提高業務的可重現性。

製作業務流程圖時，一般以四角形表示行動，再用箭頭依序連結。當資訊量過多、流程太複雜，請拆成多個流程圖製作。可先製作一個大略呈現整體狀況的整體流程圖，再從中擷取一部分製作部分流程圖，也就是分成兩階段、三階段來思考。

使用方法

準備 [**列出業務內容**]：決定要分析的業務，逐一列出執行該業務時所需的每個行動（處理）。最重要的是，在這個階段，就應該明確定義業務的開始和結束；例如業務流程的最後是「確認收貨」，還是包括之後的「收款」？必須將界線劃分清楚。

1 [**設定部門與大致的流向**]：在橫向欄位填入與此業務相關的部門（此縱列又稱為「泳道」）。左頁範例填入的是客戶、營業部門、管理部門與系統部門，有時也會填入總務、研發部門或經營者、人事部主任等職稱。

2 [**繪製流程圖**]：順著流向整理各個行動。這時請特別注意業務之間的關係和分歧條件是否明確。左頁範例呈現的是從客戶下單到收取貨品並確認之間的流程，如果再加入會計相關業務，就必須填入製作請款書、收款等。請在整理的同時，也一邊確認業務或相關人員是否有所遺漏。

促進思考的提問

能否向其他部門的成員說明整體流程或細節？

業務的交接是否順暢？

能不能更精簡地呈現？

同一業務的流程是否相同？

CHECK POINT

- ☐ 流程的起點和終點皆明確
- ☐ 各行動的內容皆明確
- ☐ 判斷的切入點和分歧的基準皆明確

51 PERT 圖

整理業務之間的關聯，思考最短時程

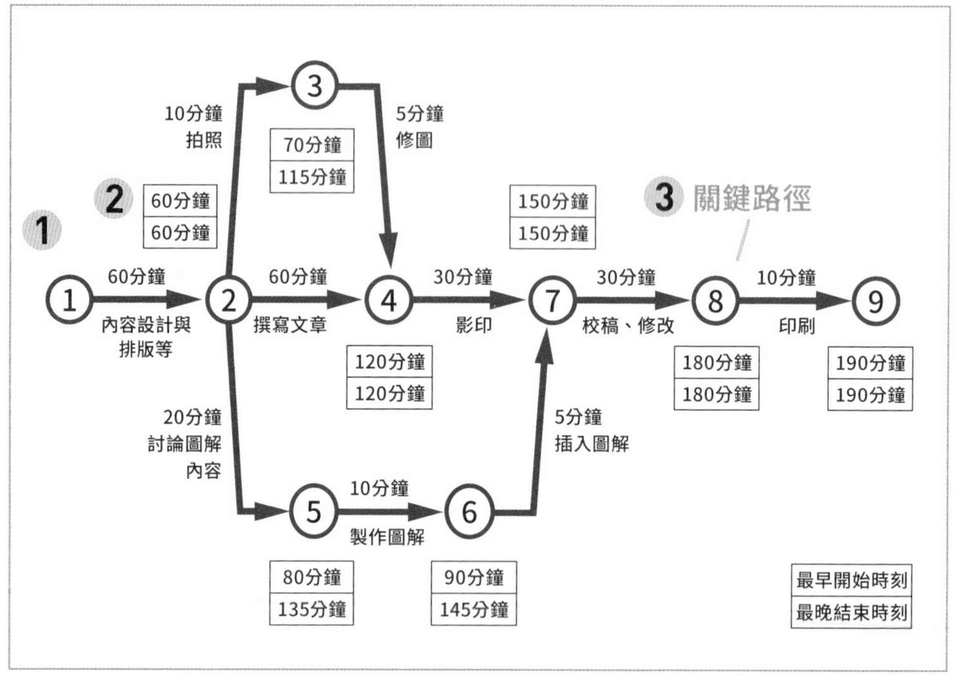

基本概要

「PERT（Program Evaluation and Review Technique）圖」是將業務流程與所需時間用圖表呈現，以擬定業務計畫的方法。許多專案都包含多種業務，有時一項業務延遲，就會拖慢整個專案。想要在有限的時間內達成目標，就必須掌握每項業務的「最晚結束時刻」，確認管理進度時應將重點放在哪裡，以避免計畫延宕。PERT 圖能同時將最短時程視覺化。

PERT 圖是以表示各工程的「○」與表示工作的「→」構成；各工程下方，則會整理出「最早開始時刻」（最早可開始動工的時間點）與「最晚結束時刻」（就算從容地執行，也不會產生問題的最晚時間點）。

使用方法

準備 [掌握業務]：將必要的業務寫下，並設定每一項業務所需的時間。在這個階段，可以用便利貼或 Excel 條列式列出。

1 [整理流向]：用箭頭連接各工程，以圖示呈現。箭頭旁請寫上完成該項業務所需的時間。

2 [計算時間]：寫出能開始著手各項業務的時間點，計算時間。思考最早開始時刻時，原則上是從左側開始依序加上時間。相反地，設定最晚結束時刻時，則是從右側依序減掉時間。

3 [掌握關鍵路徑]：用箭頭連結最早開始時刻與最晚結束時刻相同的業務，而這個箭頭就稱為「關鍵路徑」(Critical Path)。這些業務是時間較緊迫的業務，更是一旦延遲，就會影響整體時程的重要業務。在左頁範例中，「2」的後面有三項業務並行，但中央處最花時間的流向，就是關鍵路徑。

促進思考的提問

Q. 是否考慮到前後的業務？

Q. 業務延宕的原因為何？

Q. 有沒有能縮短時間的技巧？

Q. 有沒有能讓各業務更有效率的方法？

CHECK POINT

- ☑ 關鍵路徑明確
- ☑ 資源分配適切，有助以最短時間進行業務
- ☑ 整體而言，有預留發生問題時的緩衝時間

52 RACI

將角色與責任變得明確，並與夥伴共享

業務內容	鈴木	岩井	谷本	關	安達
製作企畫書	R/A	I	I		C/I
製作需求定義書	A	R	I		C/I
製作功能設計書	A	R	C/I	I	I
研發計畫&實施	I	R/A	R	R	I
測試計畫&實施	I	A	R	R	C/I
應用設計	I	A	R	R	C/I
製作標準流程	I	A		R	I
使用者教學	I	A		R	C/I

基本概要

「RACI」是整理並釐清業務職掌與責任，並透過共享，使事業營運得更順暢的框架。RACI 是由「負責者」（Responsible）、「當責者」（Accountable）、「被諮詢者」（Consulted）、「被告知者」（Informed）四個詞彙的字首組成，在使用時必須設定這四種角色。

負責者（R）	負責執行業務
當責者（A）	負責向組織內外說明業務內容、進度、狀況
被諮詢者（C）	負責支援業務執行　※ 發生困難時可提供意見的人
被告知者（I）	負責接受與業務進度相關之最新消息　※ 接受報告的人

使用方法

1 **[列出業務與負責人]**：寫下要進行 RACI 的業務內容與各負責人。業務內容有時必須具體列出，有時也可以專案為單位列出。左頁範例的負責人雖然寫到「個人」，但有時也可填入部門或職位；請依目的自行設定適切的抽象度。

2 **[設定 RACI]**：針對各業務事項，整理出 RACI 的角色各由誰擔任，並逐一填入。假如負責者與當責者為同一人，則可寫作「R / A」。同樣地，有時也會出現被諮詢者和被告知者為同一人的狀況。順帶一提，這兩者的不同，在於被諮詢者是在業務執行前共享資訊的人，而被告知者則是在業務執行後共享資訊的人。在設定完 RACI 之後，請確認各角色有沒有界定不明之處，再將表單置於成員皆可查閱的地方共享。

促進思考的提問

- 何謂責任？
- 若責任和角色不明確，會出現什麼問題？
- 有沒有你認為「總會有人去做」的業務？
- 想扮演好自己的角色，必須採取哪些行動？

CHECK POINT

- ☑ 各業務的角色和責任已視覺化
- ☑ 各成員之間的聯絡管道通暢
- ☑「報告・聯絡・商量」的流向明確

STEP 3
思考改善策略
找出讓現狀變得更好的方法

這個步驟將介紹在反思過後，準備實際進行業務改善時可派上用場的框架，也就是在執行 PDCA 循環的 Action（行動）之前應該先知道的方法、想法和觀點。

站在「要改善什麼」的視角（What）

改善就是修正有問題的地方，使現狀變得更好。為此，我們必須先替過去實施過的事項評分，將其分類為「做得好的地方」與「有問題的地方」。前面介紹的 KPT 等框架，就相當於這個分類方法。

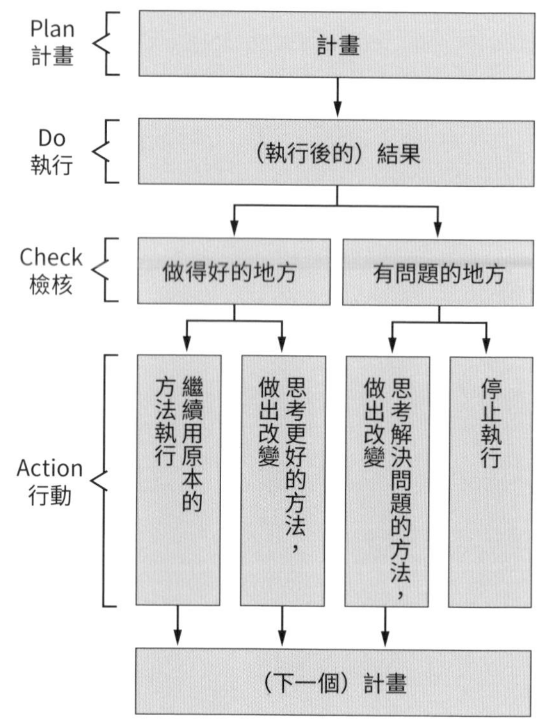

緊接著，我們將進入實際的業務改善工作。首先將「做得好的地方」再細分為「繼續保持」和「改成更好的方法」；接著將「有問題的地方」再細分為「只要做些改變就能變好」和「停止執行」。

為什麼要這樣分類呢？因為所謂的改善，就是「讓已經做得很好的事情變得更好」和「現在雖然做得不好，但下次可以做得好」。除了前幾個步驟介紹的框架，也請利用「勉強．過剩．不均」等框架，找出可以改善的業務。

站在「為了更好」的視角（How）

挑出需要改善的業務後，接著必須思考該如何改善。常見的觀點包括「能不能刪除這項業務？」、「能不能減少這項業務的工作？」之類「縮小」的視角，或「能不能和其他業務合併，以降低成本？」這種「統整」的視角等等。請不要只是模糊地說「未來要更謹慎地做」或「未來要更迅速地處理」，重點是應該思考具體的狀態和做法。

＜思考改善方案時的觀點（切入點）＞

除去、刪除、縮小、縮短、取代、變換組合、整合、分離、調整順序、簡略、發包、自動化等

後述的「ECRS」正是提供上述觀點的框架之一。請各位自行將上述觀點互相搭配應用。

這個步驟最後將介紹一份由業務現場成員提出改善方案的表格範例。業務改善不應只停留在改善個人的業務，應該包括會議進行方式等針對組織整體的改善，同時努力使組織內所有成員對此達成共識。

把最佳狀態視為標準，不斷更新

針對有問題的業務實行改善方案，打造出最佳狀態後，再將其製作成員工手冊。製作員工手冊可以讓業務有標準流程，提升可重現性。此外，員工手冊也是一種工具，即使成員增加或更替，也能進行相同的業務。

53 勉強・過剩・不均

找出效率不佳的業務，加以改善

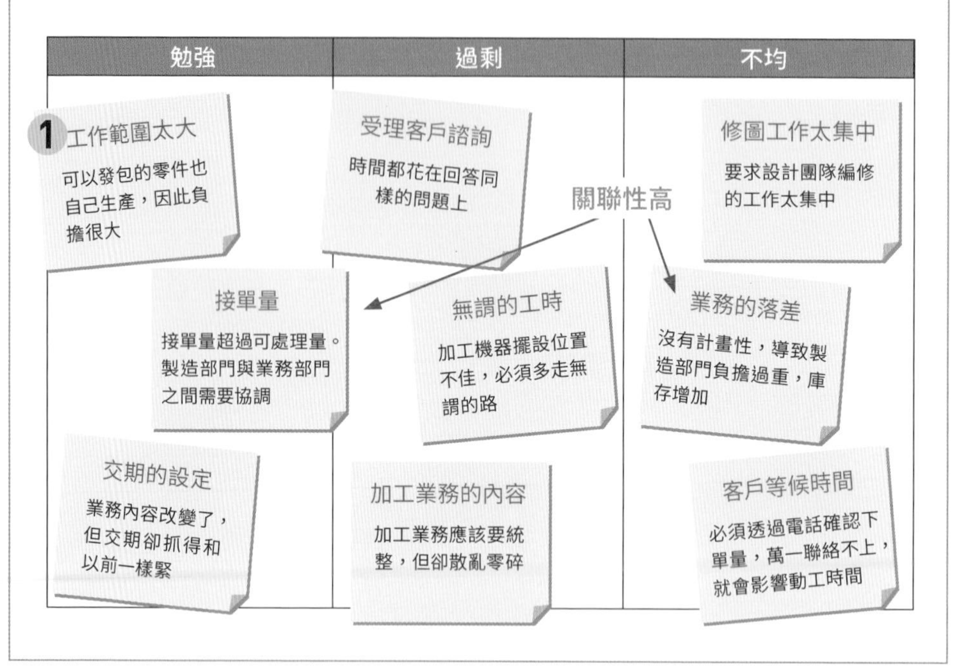

基本概要

「勉強・過剩・不均」是找出為了達成目標而投注的資源（時間或金錢等）有什麼問題，並加以改善的框架。「勉強」指的是達成目標所需的資源不足，處於負荷過高的狀態。相對地，「過剩」則是投注了過多的資源，使得資源無處可用的狀態。第三個「不均」，則是工作項目沒有標準化，導致因為人或時間點的改變而出現不同的做法，產生勉強或過剩的狀態。

勉強	確認計畫、交期、價格（降價）、能力、品質等
過剩	確認時間、工程（工時）、管理、調整、重複、庫存、場所、移動、搬運等
不均	確認順序、時間、管理、忙碌程度、身心狀態（心情或健康狀況）等

使用方法

準備 [列出業務]：將現有的業務逐一列出。若要使用「業務盤點表」（請參照→**49**），請準備表單。

1 [挑出有問題的業務]：從現有的業務中挑出效率不佳、有問題的業務項目。挑選時，請同時寫下該業務項目屬於勉強・過剩・不均的哪一種，以及具體有哪些問題。

補充 如何列出有問題的業務

建議將有問題的項目與概要一併寫在便利貼上。先將業務項目視覺化，再補上相關問題。

有問題的項目
受理客戶諮詢
時間都花在回答同樣的問題上
問題的概要

2 [思考改善方案]：將整理好的有問題業務按改善優先順序排序，從較優先者開始思考改善方案。

促進思考的提問

- 有沒有業務項目的做法和 10 年前相同？
- 為什麼會出現不均？
- 有沒有自以為理所當然的事？
- 有沒有同時出現多個問題的業務項目？

CHECK POINT

- ☑ 已掌握效率不佳的業務項目
- ☑ 夥伴皆對問題的現場狀況有共識
- ☑ 已鎖定遇到瓶頸的業務項目

54 ECRS

思考讓業務更有效率的改善方案

業務內容	E：刪除	C：合併	R：重整	S：簡化
1 受理客戶諮詢	不用電話，改用文字交談	決定負責人，使諮詢工作一元化	限制服務時間	設計讓客戶先行閱讀 FAQ 的路徑
製作內部報告	2 減少需要製作報告的業務			改為只須在全公司共通的網路表格中填寫內容即可
每週定期會議	廢止定期會議	統整為每個月一次的定期會議	讓分店的員工可線上參加	
各部門每月實施的讀書會	廢止讀書會，增設提供個人學習用的預算	跨部門實施。也能促進各部門交流	將讀書會的營運工作外包	將 3 小時的講習改為 50 分鐘的晨會

基本概要

「ECRS」有助我們構思讓業務更有效率的改善方案。具體而言，這個框架是從「Eliminate」（刪除）、「Combine」（合併）、「Rearrange」（重整）、「Simplify」（簡化）等四項切入，思考改善方案。

在這四個切入點當中，當屬 E 的改善成效最高，其次依序是 C、R、S。最先應該考慮的是直接刪除（使它不做也無妨）該業務項目。當我們針對一直以來都理所當然地進行的業務，提出「為什麼需要這個業務？」這個疑問時，往往會發現原來可以省略、簡化的業務超乎想像地多。請廣泛將業務的內容、流程、順序、時間、素材、組合、場所、負責人等各種因素代入 ECRS 中思考。

使用方法

1 [挑出業務]：寫出想改善的業務。首先將平常進行的業務項目列成一覽表，再從中選出有問題的業務。建議善加運用「勉強・過剩・不均」（請參照→53）。

2 [提出改善方案]：針對挑出的業務項目，從 ECRS 切入，思考改善方案。先不用考慮可行性和性價比，專心拋出點子。

例 使用 ECRS 思考時的關鍵字

建議將有問題的項目與概要一併寫在便利貼上。先將業務項目視覺化，再補上相關問題。

刪除（E）	除去、停止、刪除、省略、撤退、放手等
合併（C）	統合、整理、結合、集中等
重整（R）	取代、置換、代替、更替、交換、外包等
簡化（S）	簡化、減少、縮小、精簡等

3 [決定優先順序後執行]：從改善方案中選擇實際採行的點子並執行。可將成效良好的項目反映在員工手冊中，加以標準化，與全員共享。

促進思考的提問

Q. 各業務存在的目的為何？

Q. 提高產能能帶來什麼好處？

Q. 有沒有讓來自其他業界的夥伴覺得不對勁的地方？

Q. 有沒有根本沒發揮效用的 IT 工具？

CHECK POINT

- ☑ 不受限於前提，依照 ECRS 的各項目拋出點子
- ☑ 已找出可行且效果佳的方案
- ☑ 夥伴皆已達成提高產能的共識

55 業務改善提案表

聽取來自現場的真實聲音

主題:訪客資訊共享　　製作日期 18/8/21　　製作者 總務／高橋

	項目	內容
1	現狀	沒有共享訪客預約狀況，有時會讓客戶等。 有時會議室都滿了，只好從辦公室轉移到附近的咖啡廳。
2	改善內容	在白板上填寫訪客資訊。 在門口設置寫有訪客資訊的迎賓板。
3	預期成效	事前共享訪客資訊，無論誰去接待客戶，都能順暢地引導， 不會讓客戶感到有壓力或不安。
4	所需成本	迎賓板：約 5,000 日圓 負責人填寫訪客資訊的時間：5 分鐘／日

基本概要

業務往往會隨著部門、負責人和狀況不同而出現不同問題，負責人若光在會議室進行工作坊，將無法發現業務現場的真實問題。因此我們必須仔細聽取成員感受到的問題點、不滿疑惑的地方。

「業務改善提案表」就是解決上述問題的工具，可運用在業務現場成員對組織提出改善方案時。列出問題點與改善方案，整理預期成效和所需成本，便能製作一份簡易的提案資料。想要活用這份表單，就必須先打造可接受改善提案的內部制度和鼓勵提案的環境，孕育出全體同仁齊心改善組織的文化。利用業務改善提案表直接到處聽取意見，也是不錯的方法。

使用方法

1 [填入現狀]：列出覺得有問題的業務內容。請將什麼地方有什麼問題簡單扼要地寫下。這時最重要的是必須一併寫出問題的原因。

2 [填入改善內容]：寫下提案，建議如何改善。請從定量資料、定性資料兩種面向思考具體內容。

3 [填入預期成效]：寫下透過 2 的改善方案所能得到的好處。請特別寫能讓人感到提案具有吸引力的資訊，以及做決策時必須了解的資訊，並加以整理。

4 [填入預計成本]：假如提案的實施需要成本（人力或金錢），請填入所需的成本概要。比較 2 和 3，最理想的狀態是能掌握性價比。此外，若填上「實際上需要多久才能改善」等有關時間的預估，便有助於進行決策。

促進思考的提問

- 對業務環境的滿意度大約是幾成？
- 在業務現場聽到的不滿或抱怨內容是什麼？
- 有沒有只有負責人知道的技巧或知識？
- 如何讓工作變得更快樂？

CHECK POINT

- ☑ 組織內部已有完善的制度與流程可接受業務改善提案表
- ☑ 填入的問題皆合理（不可流於情緒）
- ☑ 改善內容皆可行

專欄　籌畫會議時應留意的重點

我們在第 5 章看到許多反省業務內容、改善問題的方法。包括 KPT 和 YWT，許多框架的使用頻率都很高。

而在這裡，我希望你留心的是有關主持會議的問題。世上沒有比毫無目的、只是浪費時間的開會更無謂的事情了，負責籌畫會議的人，必須事前思考這場會議為何而開。

召開會議前必須明白的 OARR

「OARR」這個框架簡單整理了會議籌畫者必須掌握的四個重點：

Outcome（成果）	目標、成果
Agenda（議程）	檢討項目（議題）、流程
Role（角色）	工作分配
Rule（規則）	規則

第一個「Outcome」要思考的是「這場會議為何而開？」、「會議的目標是什麼？」第二個「Agenda」要思考的是「為了達成目標，會議上必須討論什麼？」並且分配時間。第三個「Role」則是決定在會議進行前、中、後，由誰負責什麼工作。除了司儀、會議記錄等基本的角色，也可列出事前調查結果等會議資料，將工作分配下去。第四個「Rule」則是為了讓會議進行得有意義而要求與會者遵守的規則。除了把手機調成振動模式等具體行動，也應該制定「當別人發表意見時必須聽到最後」、「尊重不同意見」等有關態度的規定。

管理組織

STEP 1

全體清楚掌握目標

釐清組織存在的意義，凝聚向心力

第 6 章即將介紹的框架，是有助打造組織或團隊的利器。在第一個步驟，我們要比較組織的未來與每個人心中的未來，使其變得一致。讓我們一起思考組織與個人應有的樣貌（或想要成為的樣貌）。

組織存在的目的是什麼——人總是因目的而聚集

負責營運或管理組織的人，有義務決定並對外說明該組織存在的目的。這時不可或缺的方法，就是「任務・願景・價值」。先有對組織而言的 Why（任務、存在意義），再進一步釐清與 Why 相連的 What（願景、未來想成為的姿態）和 How（價值、行動方針）；一般認為最重要的因素是 Why（詳後述）。

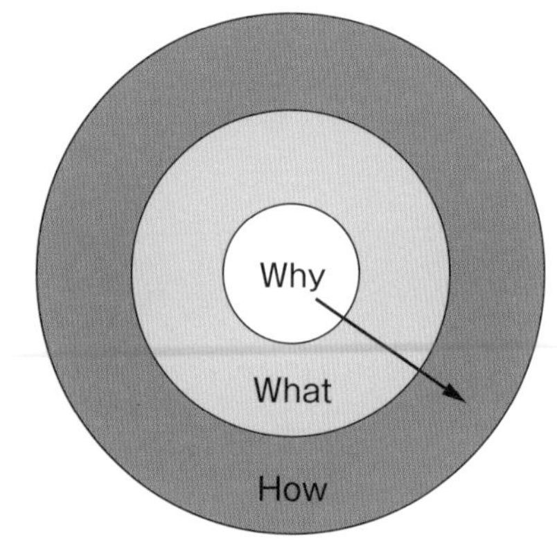

關鍵在於，隨著目的的設定方式不同，能吸引到的人也會不同。例如提出「研發年輕人喜愛的新鞋款，追求業界 No. 1」口號的公司，與提出「讓每個人都能輕鬆挑選鞋子，實現健康的生活」概念的公司，獲得認同的族群想必截然不同。

無論是領域種類或規模大小，都沒有正確答案，但只要是作為一個想對社會有所貢獻的組織，就應該站在當事者的觀點來設定目的，思考自己究竟想解決誰的哪些煩惱，或社會上的哪些問題等。

增加組織目的與個人目的重疊

接著，我們要思考組織與隸屬於該組織的成員之間的關係，以及關係中的「目的」。如果想培育一個永續性的組織，不但組織的目的必須明確，每位相關成員的目的也必須明確。

倘若組織的目的與個人的南轅北轍，便難以獲得成果。即使組織的社會性很明確，假如員工目的只有金錢，也就是雙方目的不一致，那麼組織的能力勢必無法完全發揮，甚至可能瓦解。

增加組織和個人在目的上的重疊，是打造一個強而有力的組織時不可或缺的因素。在團隊組成由縱向轉為橫向、個人工作方式呈現多樣化的現代，釐清目的並與成員共享顯得更為重要。

成為領導者必須率先努力傾聽每位成員過著什麼樣的人生、想要達成什麼目標。在這個步驟介紹的「任務・願景・價值」、「Will / Can / Must」、「Need / Want 矩陣」等三個框架，儘管型態不同，但卻擁有將「想做什麼」，也就是「對什麼抱有熱情」加以視覺化的共通點。假如能了解一同工作的成員有什麼夢想，並給予支持，這個組織想必大有可為。除了在剛成立組織的時候，當你幾乎把所有精力都花在追求一個數字上的目標時，請務必回想初衷，問問自己「到底為了什麼而做」。

56 任務・願景・價值

釐清組織的存在意義與行動方針

1	任務 MISSION	・透過食物，替人們的生活送上安心與幸福 吃就是生活。我們藉由增加享受美食的機會，為人們的幸福做出貢獻。
2	願景 VISION	・成為讓每個人都能享受美食的基礎設施 首先，我們要創造人們與美食的邂逅。接著，我們要透過美食，打造一個能促進人與人交流的場域。我們會不斷更新美食的定義。
3	價值 VALUE	・感謝美食 ・珍惜笑容 ・持續嘗試

基本概要

「任務・願景・價值」是為了定義組織在社會上存在的價值與扮演的角色，並與夥伴共享的框架；許多組織會將它當作企業理念或精神標語。它能釐清每位參與組織活動的成員隸屬於這個組織、在這裡工作的原因，幫助凝聚向心力。另一個作用，是讓第三者看見後，也能一目了然這個組織存在的意義。

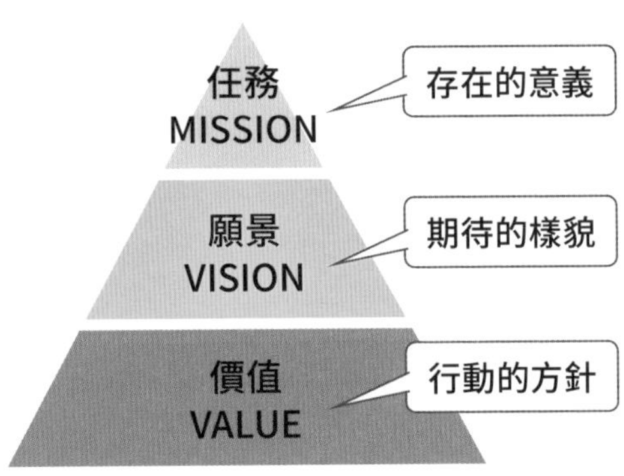

使用方法

1 **[定義任務]**：任務代表組織存在的意義。如果只是解決個人課題等範圍較狹隘的任務，是無法吸引他人、凝聚向心力的。請思考世上有哪些課題、為什麼自己所屬的團隊必須設法解決，也就是設定一個與社會有所連結的任務。

2 **[定義願景]**：願景是指中長期而言希望達成的樣貌・目標。請定義當願景在不久的將來實現後，組織會是什麼模樣。

3 **[定義價值]**：價值是為了實現任務與願景的重要價值觀與行動方針。請在這裡定義組織「應有的樣貌」。

補充 **讓任務・願景・價值在組織內普及**

任務・願景・價值是組織的方針，因此最重要的是將它制定為精神標語，或舉行研習會加以說明，讓後來加入組織的成員也能理解。

促進思考的提問

- 世界上存在哪些課題？
- 萬一自身公司明天就從世上消失，世界會改變嗎？
- 如果自己是求職者，能否對任務感同身受？
- 這個任務是否具有必然性？

CHECK POINT

- ☑ 已找出「我們公司是為了什麼而存在？」這個問題的答案
- ☑ 組織全體成員都已理解任務・願景・價值
- ☑ 設定好的任務・願景・價值具有一貫性（沒有動搖）

57 Will / Can / Must

尋找能發揮最高效能的場所

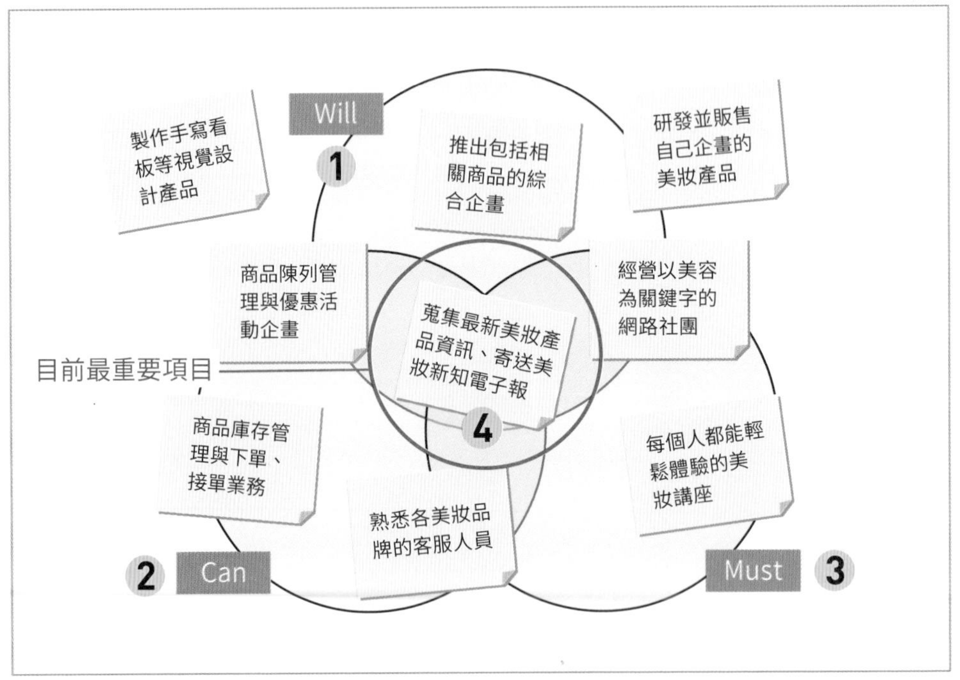

基本概要

「Will / Can / Must」這款框架，會透過「想做的事」（Will）、「能做的事」（Can）與「必須做的事」（Must）等三個要素來整理業務，幫我們找出最值得執行的業務。思考組織的目標和行動和及業務現場成員想做的事，加以比較，是提升組織整體效能時不可或缺的工作。請與成員共享每個人想負責哪些業務項目、目前對什麼最有熱情。

範例裡預設的是工作坊形式，但最後還是會保存文字資料。另外，Will、Can、Must 的內容會隨時間改變，建議定期整理。

使用方法

1 [列出 Will]：寫下在事業、業務或社會中自己想扮演的角色或想做的事。除了目前已經在做的事情，也請想想尚未著手的事。規模大小不拘，請把浮現腦海的項目全數列出。

2 [列出 Can]：寫下自己有能力做到的事，例如自己擅長的領域、專業技術或經驗等。亦可寫下現在還做不到，但只要加以學習，便有把握在短期內實現的能力。

3 [列出 Must]：思考自己應該做的事。例如組織或社會對自己的要求是什麼？至少必須扮演什麼角色？為了達到經營目標，自己應該做什麼？等等。

4 [**找出重疊的部分**]：列出1～3後，找出三者互相重疊的部分，並思考該如何應用這個部分。此外，這裡介紹的順序是1～3，但實際執行時，可從比較好寫的開始寫無妨。

促進思考的提問

目前 Will：Can：Must 的比例大約多少？

在自己的業務範圍中，能為他人帶來快樂的是什麼？

哪項業務會讓你一不小心就忘了時間？

人生的目的是什麼？

CHECK POINT

- ☑ 已找出或推估出 Will、Can、Must 重疊的業務
- ☑ 已想出未來可做些什麼來增加重疊的部分
- ☑ 組織的 Will、Can、Must 也很明確（可使用於組織層級）

58 Need / Want 矩陣

整合組織與個人的努力方向

基本概要

「Need / Want 矩陣」以「Need」（對組織而言的必要性）和「Want」（欲望）為兩軸組成，是幫助我們反思業務內容的框架。

「需要」軸是根據組織的「任務・願景・價值」（請參照→56）與其策略與戰術，對某項業務之貢獻度與重要性所做出的評價；「想要」軸則是用於顯示某項業務對成員個人的重要性。重點在於確認成員個人是否擁有長期職涯規畫或目標，以及其負責的業務是否具有意義。

分別反思某項業務對組織與個人而言的重要性，便能整合組織與個人努力的方向。

使用方法

準備 [列出業務]：寫下目前的業務項目。

1 [用矩陣整理]：將業務填入以下四個象限裡，加以分類，並針對每一項業務思考未來的方針。

需要(高)╳想要(高)	與組織想達成的願景或目標吻合，且在個人的職涯規畫上也有助益的重要業務。愈能集中資源在這個象限的業務上，組織就會愈強盛。
需要(低)╳想要(高)	屬於興趣範疇的業務項目會被歸類於此象限。雖然動機強烈，但以組織的立場而言持續性不足，有必要調整比例，或想辦法提升該業務對組織整體的貢獻。
需要(高)╳想要(低)	屬於義務性的業務項目會被歸類於此象限。假如只為了達成組織目標而增加此類業務的比例，將會導致成員不斷累積疲勞，請特別留意。
需要(低)╳想要(低)	對組織和個人而言收穫都很少的象限。請思考能不能省略或簡化此業務項目。

促進思考的提問

Q. 你在工作上最重視的是什麼？

Q. 你為業務賦予的意義是否能改變？

Q. 你是否有個人的職涯規畫？

Q. 你現在最應該做的是什麼？

CHECK POINT

- ☑ 已掌握每一項業務在心理上的定位
- ☑ 已針對個人較無意願進行的業務項目找出實行的意義
- ☑ 組織擁有尊重個人意願的體制

STEP 2

提升成員關係的品質

理解彼此的特色，打造互相支援的關係

我在上個步驟已經提過，了解每位成員，對組織運作很重要。在這個步驟裡，我將介紹有助於促進成員互相理解、改善人際關係的框架。

理解每個人的認知都不同

想要打造一個能讓人放心、有安全感的職場，最重要的是打造「能被他人理解」的環境。在自己的發言無法獲得理解，或意見總是遭全盤否定的環境裡，是沒人敢發言的。此外，加深成員之間的互相理解，也有助減少因人際關係而產生的問題。

加深成員之間互相理解的第一步，就是理解每個人的認知都不一樣。就算聽見同一句話，每個人的想像也都不同；就算看見同一件東西，每個人的感受也都不同——人類本來就如此。雙方認知不同的狀況時有所見，例如試圖緩頰的發言，反而可能令人覺得受到冒犯；出於體貼的行為，反而造成對方的負擔等等。主管和下屬的想法不同是天經地義的，就連負責相同業務的同仁，也可能因所處情境或過去的經驗不同，有不同的感受。

因此我們不能只看表面上的行為舉止，而是必須確認對方真正的意思，努力調整自己的認知。一旦疏於注意，彼此的關係就可能開始扭曲，等察覺時往往已經無法挽救。請務必抱著「認知一定會有落差」的心理，展現出願意協調的態度，更要以打造一個能夠協調的組織為目標。這麼一來，便能使成員之間的關係更緊密，使組織更強盛。

不只縱向關係，橫向關係也必須兼顧

在討論關係的類型時，一般可分成縱向與橫向兩種。縱向關係是常進行指示、評價的主管與其屬下之間的關係，橫向關係則是指同事之間等地位相同者之間的關係。

執行業務時，縱向關係固然重要，但如果只有縱向關係，有時會令人喘不過氣。相反地，橫向關係雖然能讓彼此不受拘束地溝通，但卻不一定能解決工作上的煩惱。

其實，最重要的是斜向關係。斜向關係是既能像橫向關係一樣輕鬆溝通，又能獲得建議的關係。例如其他部門的前輩或已畢業的學長等。

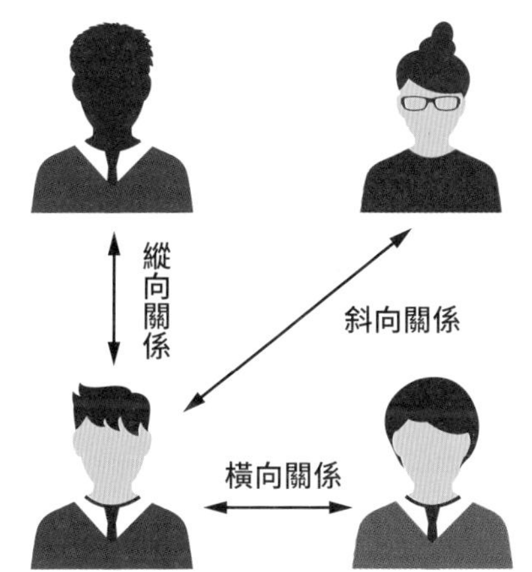

縱向・橫向・斜向關係都是必要的，每位成員在遇到煩惱或困擾時，都應該有適切的對象可以商量。尤其是新進員工或年輕成員，若光只有縱向關係，心理上很容易被壓垮，所以許多企業採用導師制度（mentor），確保斜向關係。此外，舉辦個別面談或內部交流會等活動以打造橫向與斜向關係，也是組織營運上的重要活動。

請將強化橫向、斜向等多樣化的關係與促進彼此理解放在心上，善加運用這個步驟介紹的各種框架。

59 周哈里窗

加深成員彼此的理解

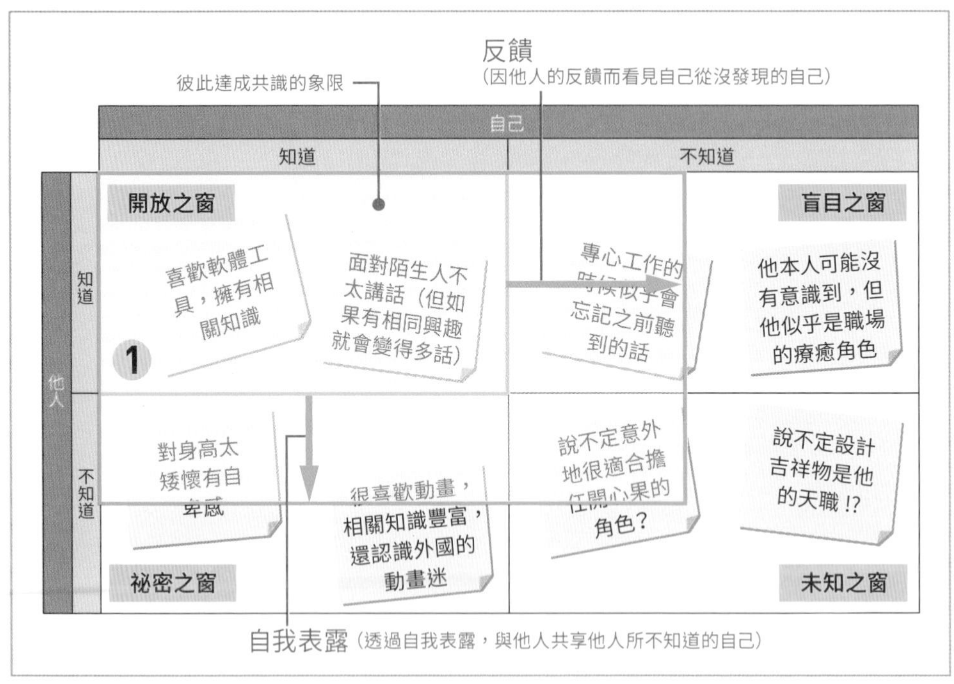

基本概要

「周哈里窗」(Johari Window）是透過以「自己知道或不知道的事」、「他人知道或不知道的事」作為兩個軸組成的矩陣，來加深對自己或對他人理解的方法。分析過程中，我們會將四個象限，也就是「開放之窗」、「祕密之窗」、「盲目之窗」與「未知之窗」加以視覺化。「逐一打開每一扇窗」時，我們必須進行自我表露，同時必須得到他人的回饋。這個過程能促進人與人相互理解，使組織更為團結。

周哈里窗的概念有各種不同型態的應用，這裡介紹的是藉由工作坊來增進成員彼此理解的方法。請抱著表露自己的勇氣與虛心接受他人反饋的態度，試著使用它。

使用方法

準備① [反思自我]：分成兩人一組，準備回饋表（如右圖）。首先請反思自我。右圖中，欄位設定為「人物形象」、「強項」、「缺點」、「擅長」、「不擅長」等。在這個階段，請盡量抱著自我表露的態度填寫。

姓名＿＿＿＿ 眼中的 姓名＿＿＿＿

人物形象	
強項	
缺點	
擅長	
不擅長	

準備② [反思他人]：準備一張新的回饋表，寫下對同組夥伴的客觀認知。在「人物形象」欄位，請填入個性、口頭禪、像哪個漫畫角色等外人看見的資訊。

1 [分類至矩陣中]：與同組夥伴分享針對自己與對方所寫的表單。請針對彼此認知不同的地方提問或回饋，並透過主動自我表露，加深對彼此的理解，最後將彼此的發現分類至矩陣中。

促進思考的提問

你能用文字表達出自己是個怎樣的人嗎？

你對夥伴的了解有多少？

你有感到自卑的地方嗎？

與對方互相理解的點有哪些？

CHECK POINT

- ☑ 已營造一個讓成員都能大方自我表露的環境
- ☑ 自我表露的範圍比使用周哈里窗之前大
- ☑ 成員之間的連結增加了

60 認知/行動循環

改善成員之間的關係

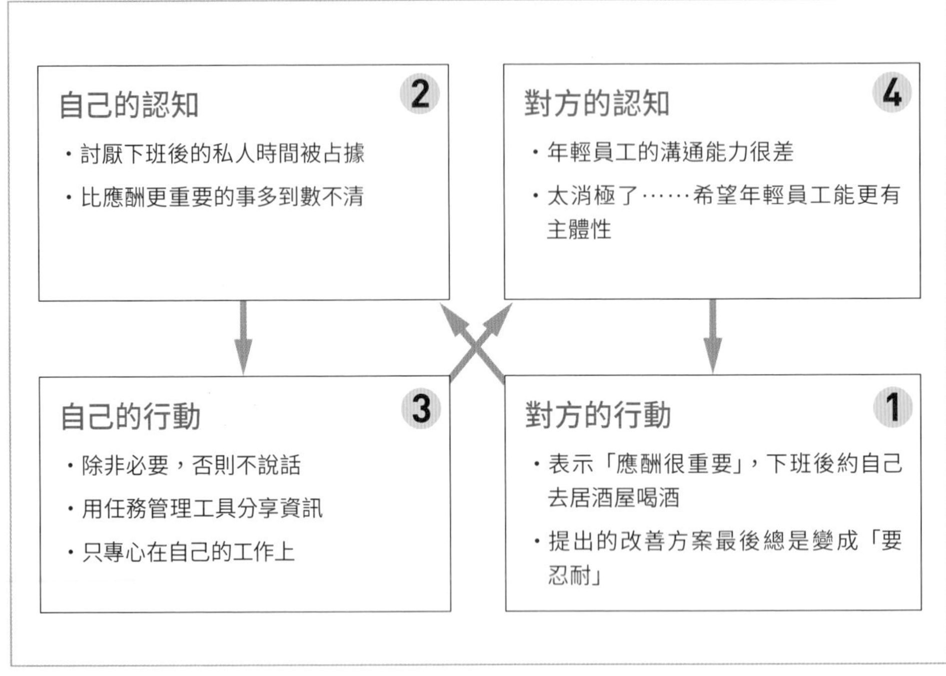

自己的認知
2
・討厭下班後的私人時間被占據
・比應酬更重要的事多到數不清
對方的認知
4
・年輕員工的溝通能力很差
・太消極了……希望年輕員工能更有主體性
自己的行動
3
・除非必要，否則不說話
・用任務管理工具分享資訊
・只專心在自己的工作上
對方的行動
1
・表示「應酬很重要」，下班後約自己去居酒屋喝酒
・提出的改善方案最後總是變成「要忍耐」

基本概要

把溝通過程中彼此的「認知」與「行動」加以拆解，使雙方的落差視覺化，以改善彼此關係的框架，就是「認知/行動循環」。此框架的重點在於釐清溝通中自己尚未掌握的部分。

例如，我們雖然可以掌握對方表現出來的行動，但無法全盤掌握其背後的情緒、身處的狀況。此外，我們雖然無法掌握自己下意識說出的言語或顯露出的態度，卻可能傳達了一些訊息給對方。其實就連自己的認知和想法，都會受情緒或狀況影響，難以確實掌握。將彼此看不見的因素視覺化，便能一步一步解決問題。

使用方法

1 [列出對方的行動]：設定一名想要改善關係的對象，寫下對方令你不滿或有問題的行動。請具體地寫下對方說過的話或做過的行為。

2 [列出自己的認知]：寫下自己對於對方的行動有什麼認知、抱有怎樣的情緒。

3 [列出自己的行動]：寫下自己因為 2 而採取的發言、行動與態度。

4 [列出對方的認知]：請想像對方對 3 有什麼認知、抱有怎樣的情緒，並寫下來。請一併思考對方的認知與行動有沒有關聯。

5 [與對方分享並進行對話]：將寫下的內容與對方分享。以改善彼此關係為前提，向對方說明自己的感受，而非責備對方。請先為自己不好的地方道歉，再釐清彼此認知上的落差或誤會，一同討論，為未來的合作提出建設性的意見。

促進思考的提問

- 是什麼理由促成對方的行動？
- 對方是否對每個人都採取一樣的態度？
- 你的人際關係問題是否都屬於相同類型？
- 能否將感情和事實分開思考？

CHECK POINT

- ☑ 已拋棄「都是對方不好」的想法，接受自己也有不對的地方
- ☑ 分享彼此的認知與行動後，已彌平彼此在認知上的落差
- ☑ 已找出為了增進彼此關係而應改善的地方與方案

61 Want / Commitment

促進彼此的合作

Want（期待）1	Commitment（自己可做出的貢獻）2
・想學習公關宣傳的方法和流程 ・想知道怎麼寫新聞稿 ・想成為能替夥伴們加油打氣的角色 ・想知道該怎麼跟新進後輩談嚴肅的事	・會架設網站和寫 App ・擅長主持會議 ・能設計專案的管理方法並提案 ・喜歡和人說話，因此常常策畫、舉辦聯誼會

基本概要

「Want / Commitment」是透過分享個人對團隊或組織的期待（Want）與可做出的貢獻（Commitment），促進成員彼此合作的框架。除了用於成員彼此不認識的新團隊，也可用在既有的組織。

運用在既有組織時，除了平常一同執行業務的夥伴，如果也同時將 Want / Commitment 分享給平常少有交集的其他部門同仁，或許就能得到解決問題的新提示。請試著讓各種成員來運用這個框架，重點是站在「自己能為他人貢獻什麼」的觀點來思考。

使用方法

1 [列出 Want]：每個人準備一張表單，在欄位中填入自己在團隊、組織或活動中的期待、想獲得的事物或協助等。若能一併寫下簡單的請求或自己不擅長的地方，或許可幫助其他人活用他們的貢獻。

2 [列出 Commitment]：填入自己能為他人貢獻的事物，包括自己擁有的資源、技術、對夥伴的協助等。

3 [找出可以合作的要素]：將每個人的 Want / Commitment 與全員分享，參考貢獻，思考該如何滿足期待。此外，如果在這個階段就有可輕易滿足期待的貢獻，就立刻排定計畫，實際執行。

促進思考的提問

- 經驗和知識是否已與夥伴共享？
- 身邊的夥伴正在和什麼奮戰？
- 你希望得到什麼協助，好讓自己發揮更多能力？
- 該如何讓團隊得到最豐碩的成果？

CHECK POINT

- ☐ 期待的數量沒有比貢獻多太多
- ☐ 已再度確認成員與團隊各自擁有的資源
- ☐ 期待與貢獻一致的項目已準備執行

62 PM 理論

培養不同類型的領導人才

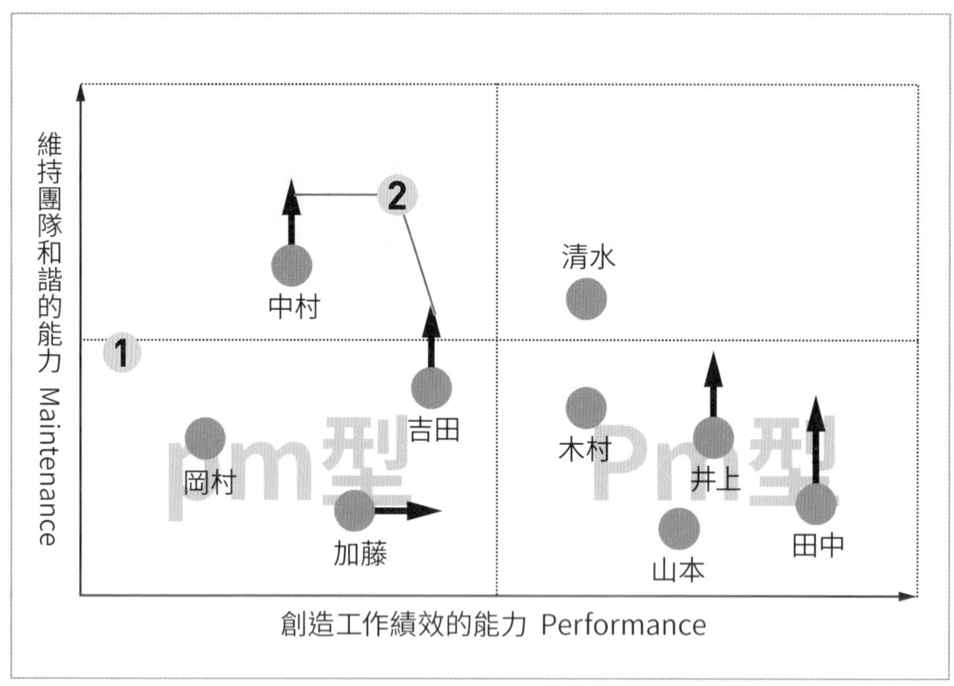

基本概要

「PM 理論」是思考該如何分類並培育領導人才的方法，它利用「創造工作績效的能力」（Performance Function）與「維持團隊和諧的能力」（Maintenance Function）兩種能力的強弱，將成員的領導能力分為 PM 型．Pm 型．pM 型．pm 型等四類（大寫字母表示能力較高，小寫字母表示能力較低）。

創造工作績效的能力（P）意指業務所需的專業技術或能力，也就是具體的業務執行能力；維持團隊和諧的能力（M）則是指對人際關係或良好氛圍有所貢獻，可維持團隊和諧、凝聚向心力的能力。最理想的團隊，就是擁有許多 PM 型人才的團隊。然而 PM 型人才可遇不可求，如何將 Pm 型或 pM 型人才培育成 PM 型，或利用互補方式編排團隊，才是關鍵所在。

使用方法

1 [將成員配置於矩陣中]：思考每位成員創造工作績效的能力（P）與維持團隊和諧的能力（M），將人名填入矩陣。必須留意，成員的能力並非只由單獨一人來評斷，而應該由主管、屬下、同事等一同進行多方面的評價。

2 [思考培育方針]：思考整個團隊要採取什麼樣的培育方針，以及針對每位成員應該個別採取什麼樣的培育方針。左頁範例中，成員大多屬於 Pm 型人才，因此將培育重點放在 M 上，才能提升整體能力。

補充 掌握組織的特徵

人才多偏 Pm 型的組織，雖然擁有創造業績的能力，卻往往因為一心追求結果而容易彈性疲乏。相反地，人才多偏 pM 型的組織，雖然成員之間關係良好，卻缺少衝業績的幹勁。請先掌握組織的特徵，再思考針對各成員的培育策略。

促進思考的提問

- Q. 領導能力的定義是什麼？
- Q. 自身公司所需要的領導人才是什麼樣的人？
- Q. 你在執行什麼業務時，會覺得自己具有領導能力嗎？
- Q. 哪些成員的組合所發揮的能力最大？

CHECK POINT

- ☑ 已掌握各成員的能力特色
- ☑ 已掌握組織整體的人才分配
- ☑ 已找出未來培育人才的方向和重點

63 利害關係人分析

掌握組織的偏斜，讓經營管理更順利

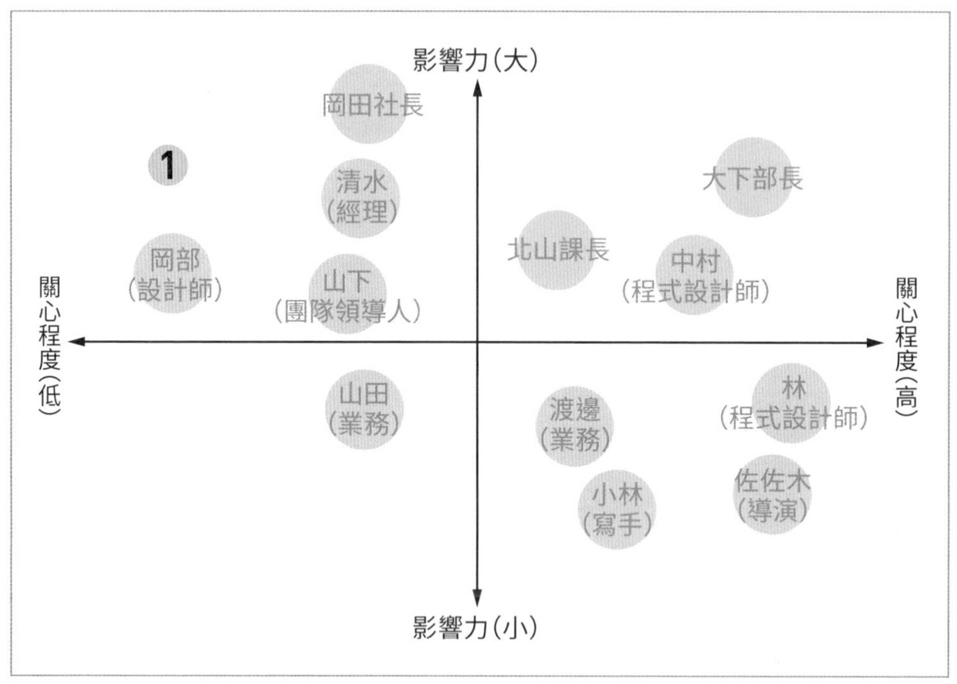

基本概要

即使策略或戰術設計得很合理，「人」的問題總是難以如己所願；尤其是拉人參與企畫或活動，更是難上加難。這時我們可以利用的就是「利害關係人分析」（stakeholder）。利害關係人就是會受到活動影響的人或組織等具有利害關係的人，包括經營者、各主管、股東、合作企業、客戶、競爭對手、當地居民、行政單位等所有直接・間接相關的人。

在利害關係人分析中，我們會從利害關係人中挑出幾個在進行活動時舉足輕重的人物，思考應該如何接觸他們。企畫負責人、團隊領導人等必須在執行活動的同時考慮個人感情與人際關係的人，請務必熟悉這個框架。

使用方法

準備 [列出利害關係人]：寫下可能成為利害關係人的人物。

1 [配置於矩陣中]：思考利害關係人的影響力與關心程度，將人名配置在矩陣中。影響力表示該對象是否擁有裁決的權限、是否能指使他人做事，也就是影響力的大小。關心程度則是該對象的合作意願有多高、對活動的理解有多少等等。

2 [思考邀請方式]：思考如何接觸對方，邀請對方參與自己的活動。這時，除了矩陣，也可以使用含有對方感興趣的事物、需求等詳細資料的列表來整理（如下圖）。

No	姓名	影響力	關心程度	感興趣的事物或需求	邀請內容

思考該如何接觸對方

促進思考的提問

Q. 關鍵人物是誰？

Q. 目前的團隊合作效率高嗎？

Q. 持反對意見的成員，理由為何？

Q. 為達成目的，最恰當的人數是幾人？

CHECK POINT

- ☑ 已製作利害關係人的資料
- ☑ 已明確掌握應該從哪開始接觸
- ☑ 有願意協助的成員（若無，則必須改善活動內容）

STEP 3

提升成員的動機

掌握影響動機的因素，思考對策

在這個步驟，我們要思考的是動機。在營運一個組織時，經常令人煩惱的就是「好想提高成員的動力」、「不知道為什麼缺乏動力」接下來我將介紹一些有助找出影響動機的因素、思考對策的框架。

影響動機的因素因人而異

動機是英文的「motivation」，又可以解釋為「動力」、「幹勁」、「意願」等。擁有高度動機的組織，相較之下能夠比較積極地執行業務，獲得較高的成果，也可提高工作產能。

對於組織經營管理者來說，掌握成員的動機並使其提升，是絕對必要的。話雖如此，影響動機的因素會隨人或狀況而異，因此難以將其制度化。不同年齡層的人，受影響的因素與價值觀也有所不同。在這個步驟，我會陸續介紹幾個可將影響動機的因素視覺化，並與他人共享的框架。

例如「雙因素理論」，就是探討什麼因素會降低動機、什麼因素又能提升動機的方法。「Will / Skill 矩陣」，則是探討幹勁與技術的平衡，同時思考如何培育人員的方法。思考提升組織成員動機的策略時，請務必加以活用。

馬斯洛的需求層次理論

在思考影響動機的因素時，最有名的方法就是美國心理學家馬斯洛（Abraham Maslow）的「需求層次理論」。

這個理論認為人的需求分為五種階層，最低的階層是人類生存所需的食物、睡眠等「生理需求」，其次是想過著安全無虞生活的「安全需求」，例如希望身心健康、經濟穩定，皆屬於此階層。接下來是尋求人際關係或感情的「社會需求」，和想得到他人認可、尊重的「尊重需求」。最高層次的需求，是提升自己的能力和地位，實現自我理想的「自我實現需求」。

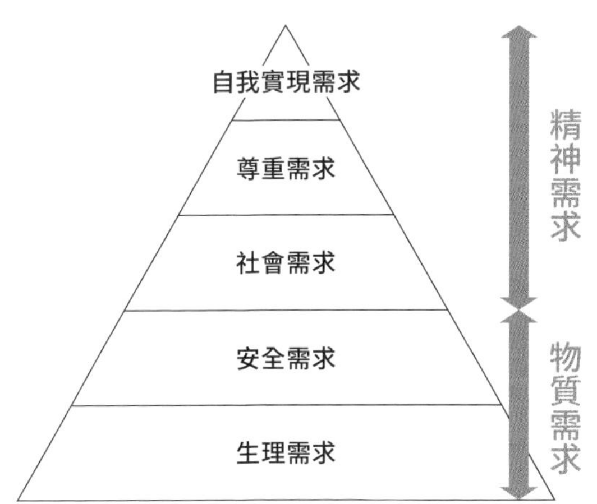

每一種層次所要求的事物與受到影響的因素都不同，因此思考組織運作或提升成員動機時，必須根據層次來打造環境與擬定方針。

此外，底部的兩個需求可以合稱「物質需求」，上方的三個需求則可合稱「精神需求」。在現代的日本，每個人的物質需求幾乎都能被滿足，因此焦點大多放在如何滿足精神需求上。請根據層次來思考課題與對策，例如前一步驟介紹的「促進成員互相理解」的方法，以及能打好公司內外關係的架構、個別面談、人事制度、評價制度、支援挑戰制度、支援職涯規畫等。

64 雙因素理論

找出影響動機的因素

基本概要

在思考影響動機的因素時，將因素分為「因為被滿足而使得動機提升」與「因為不被滿足而使得動機降低」兩種的方法，稱為「雙因素理論」（Motivation-Hygiene Theory）。前者稱為「動機因素」，包括正面評價、成長、成就感等；後者稱為「保健因素」，包括職場的人際關係、業務環境、薪資問題等。這個方法可以運用在找出導致動機低落的原因時，亦可運用在思考提升動機的方法時。

滿足動機因素的策略與滿足保健因素的策略不同，因此必須分別採取適合該策略的做法。此外，即使滿足了動機因素，在保健因素尚未得到滿足的狀況下，組織仍無法發揮最高性能，因此必須同時改善兩者。

使用方法

1 [列出保健因素]：寫出保健因素。左頁範例沒有設限也沒有整理，由每位成員想到什麼就寫下什麼的狀態。如果還記得當時的場景，建議可以將整個小故事寫出來，便能與他人分享具體的場景。另外，在牽涉到人際關係時，請確認全員都達成共識這並不是在攻擊人；請務必打造一個能讓成員安心書寫的環境。

2 [列出動機因素]：寫出動機因素。請回想自己過去特別有幹勁的場景，寫下動機提升的原因。

3 [整理並思考未來方針]：思考今後的對策與方針，以去除阻礙動機的因素，同時更加活化提升動機的因素。假如夥伴的動機是因為自己過去沒發現的事而提高或降低，那麼日後就必須特別注意。請將在此蒐集的資料運用在教育課程的設計或業務環境的打造上。

促進思考的提問

- 1週之內，動機算高的時間大約有多久？
- 動機是什麼？
- 不同世代之間是否有落差？
- 是否可能維持高度動機？

CHECK POINT

- ☑ 列出的因素夠具體，可以想像場景（容易構思對策）
- ☑ 已經彌平成員之間認知的落差
- ☑ 已想出可行的改善方案

65 Will / Skill 矩陣

思考適合各成員的培育方針

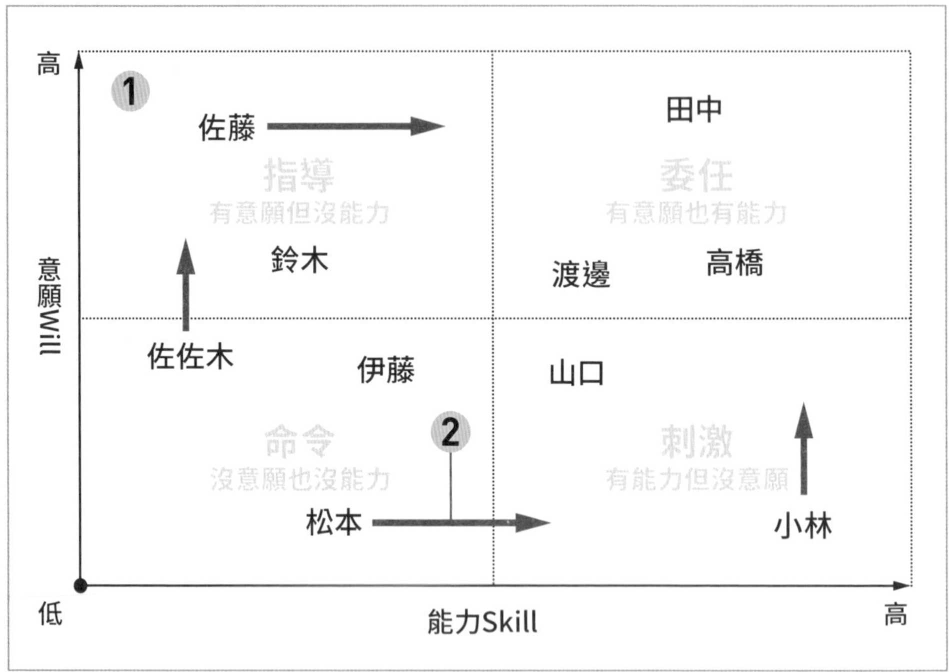

基本概要

培育人才時，假如針對所有成員進行同樣的教育訓練，是難以成功的。思考適合每個人的方法，是培育人才的基本概念。配合個人的「意願」（Will）與「能力」（Skill）來思考培育方針的框架，就是「Will / Skill 矩陣」。矩陣中會依照意願和能力的比例，分成「委任」、「指導」、「刺激」、「命令」等四種作用方式。

必須留意的是有關「意願」的判斷。能力通常可以透過定量資料掌握，但意願卻有其難處。有時表面上看起來有意願，實際上卻不一定真的有，因此必須反覆進行觀察與對話，貼近每個人的心情、想法和感情來思考。

使用方法

1 ［**整理各成員的狀況**］：在以「意願」和「能力」為軸的矩陣中，整理各成員的狀況。

2 ［**思考培育方針**］：針對各成員，思考應採取怎樣的培育方法。請先掌握四個分類（象限）的特徵，再仔細構思對每個人採取的方法。

補充 **各象限的對應方法**

右上的象限代表有意願也有能力，請將某種程度的權限與業務委任給歸類在這個象限的成員。有意願但沒能力的成員，需要適切的指導來幫助他突破瓶頸。針對有能力但沒意願的成員，請想辦法提升他的動機，給予「刺激」。而對於沒意願也沒有能力的成員，請先用命令的方式強迫他執行業務，使其擁有獲得成果的體驗，再提升他的意願、鼓勵他學習技能。

促進思考的提問

- 有意願的成員所面臨的障礙是什麼？
- 意願提高（或降低）的因素是什麼？
- 有沒有能讓成員互相刺激的制度？
- 該如何刺激沒意願的成員？

CHECK POINT

- ☑ 有評價意願・能力高低的標準
- ☑ 每個成員的意願・能力高低皆已視覺化
- ☑ 已將權限適度委任給有意願也有能力的成員

66 GROW 模型

透過支援目標的達成，提升成員的幹勁

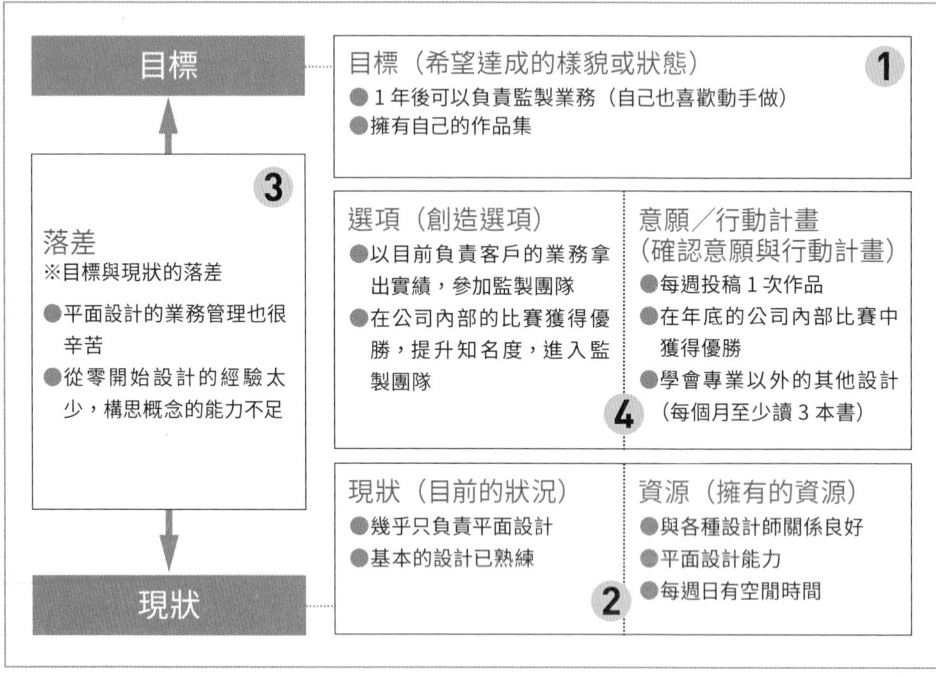

基本概要

「GROW 模型」是可幫助成員達成目標的框架，經常用於進行指導時。此框架以「設定目標」（Goal）、」「掌握現狀」（Reality）、「發現資源」（Resource）、「創造選項」（Options）、「確認意願」（Will）構成，使用時必須一邊傾聽，一邊利用適切的問題引導成員表達意願或想法。透過明確指出目標和目前應該做的事，便能提升執行每日業務的動機。

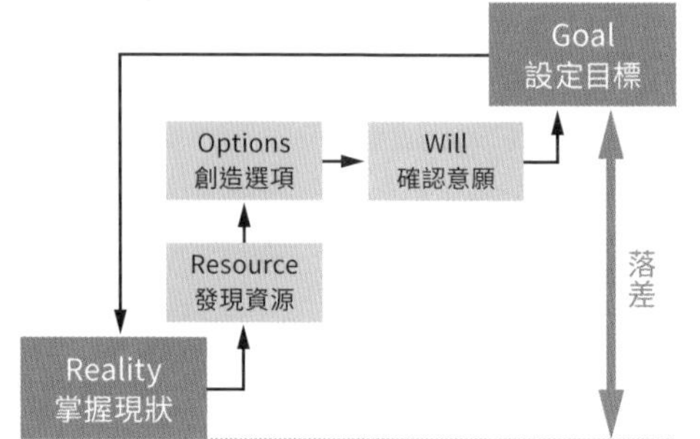

使用方法

1 [思考目標]：針對想解決的問題或想達成的業務項目，設定目標。請設身處地，寫出理想中的狀態或數值等目標。

2 [掌握現狀，發現資源]：寫出目前的狀況，加以整理。請一併寫下自己擁有的資源（人、物、錢、知識、技能等）。

3 [寫出落差]：填入現狀與目標的落差。請整理出為了達成目標必須做的事和可能會遇到的阻礙。

4 [確認選項與意願]：不設限盡情寫下有助達成目標的選項（方法），不必考慮可行性或性價比。接著請針對每個選項確認是否執行、有沒有意願等，設定實行的順序或日期。若能設定達成目標前的中程目標和失敗時的補救措施，就更理想了。

促進思考的提問

- Q. 成長必備的要素是什麼？
- Q. 設定的目標是否具體？
- Q. 能否著眼於現有的資源，而非欠缺的資源？
- Q. 什麼樣的人願意提供協助？

CHECK POINT

- ☑ 已設身處地設定具有挑戰的目標
- ☑ 已掌握目標與現狀的差距
- ☑ 已設定完成目標前的中程目標（里程碑）

專欄　開會前先制定基本規範

相信各位應該有機會在會議或面談中運用本書介紹的框架。為了將會議打造成能讓人安心發言的地方，可在事前制定基本規範。

設定基本規範

基本規範（Ground Rules）就是舉行會議、面談或工作坊時，為了得到豐碩成果而設定的規則。因為要讓會議順利進行，有時會事先設定規則，有時也會在會議一開始時由與會成員共同決定。設定基本規範時，必須避免被聲量較大的人（發言能力強或擁有權限的人）牽著走，使得內容偏頗，或過度否定他人，使與會者無法暢所欲言。

下面是以「打造能安心說話的環境」為目的，在會議、面談時適用的基本規範範例，歡迎你制定規則時參考。

<基本規範範例>

- 接受並享受差異
- 互相支援發言與行動
- 歡迎失敗
- 不全盤否定（若要否定一部分，請提出替代方案）
- 不放棄表達意見

傳達與共享

STEP 1

傳達資訊

掌握企畫書與簡報的基本，正確傳達

從第 1 章到第 6 章，我已經介紹許多發現問題・課題、構思策略，以及可應用在組織運作的概念和方法。在第 7 章，我將補充把上述內容分享給他人的方法。其中也包含與其說是框架，倒不如說比較接近版型的範本，請在使用框架前後多加利用。

將資訊傳達給他人（對象、內容、方法）

本書介紹的框架，基本上在分析調查、構思策略等蒐集資訊、整理想法的場合中皆有助益。想在職場上活用這些框架，就必須將自己思考的內容告訴對方，促進對方的行動，或將資訊傳達給社會或客戶。具體方法包括企畫書、提案、報告書、會議資料、簡報等等。

在表達自己的想法時，請將 6W2H 放在心上，以確保內容更明確。此外，也必須站在對方的立場思考，例如避免使用專業用語、留意內容的順序等。在製作資料或進行簡報，也就是與人分享・傳達想法時，下列三點尤其重要，請務必留意。

●對象

是主管、客戶、專案團隊的成員還是客戶的窗口？請先釐清要和誰共享資訊。

●內容

請明確傳達要分享的內容，例如改善提案、合作委託、報告等。

●想促使對方進行什麼行動

是希望得到對方的同意，還是希望對方改變流程，抑或是希望對方簽約……請確認在分享資訊後，最終希望對方採取什麼行動。

企畫書是解決問題的設計圖

企畫書是資訊共享時使用的資料中，相當具代表性的一項。企畫就是解決問題的方法，而企畫書就是將此方法以書面方式呈現的產物。換言之，也就是解決問題的設計圖。企畫書包括事業企畫書、產品企畫書、業務企畫書、促銷企畫書等，可應用於各種場合。

然而假如將「製作企畫書」本身視為目的，就本末倒置了。當多名成員合作進行某項工作時，必須先達成共識，確認共同語言；而企畫書正是必要的媒介。實際撰寫企畫書時，請留意下列重點。

＜企畫書的基本構成要素＞

封面	記載企畫的內容（標題）
前言	提出這個企畫的背景、想法等
目次	資料頁數多時製作
問題與課題	提出比較理想與現實後發現的問題與課題
調查結果	將問題．課題視覺化的定量資料或調查結果
本企畫的目標	解決方案、策略的制定方向與重點
事業結構	流程、商業模式、實施體制
行動方案	打算對市場投入的行動
工具企畫	執行行動時所需的工具和需要製作的事物
時間表	實施企畫的排程、步驟與長期的路線圖等
工程表	整理出執行企畫時所需業務項目與負責人
預算計畫	概算收支與預算
總結	回顧重點，長期性的未來展望等
參考資料	成功範例與統計資料等參考資訊

請參考上表選擇需要的項目，並根據企畫內容補充，整理出一份企畫書。「產品企畫書」與「活動企畫書」會在後面詳述，敬請參考。此外，進行簡報時，也應思考如何用口頭傳達上述要點。

67 產品企畫書

將產品企畫的要點書面化並共享

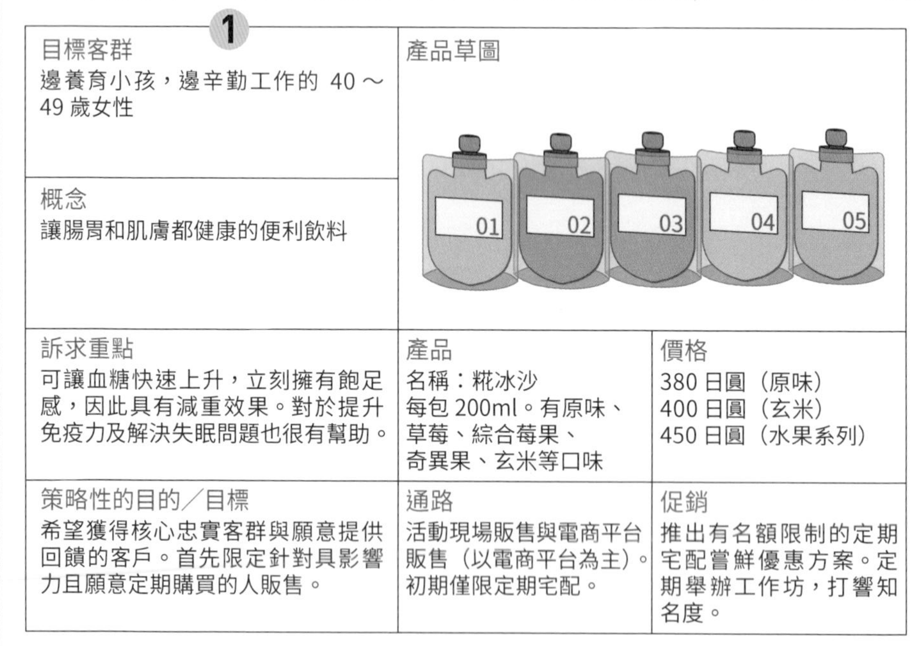

目標客群	產品草圖	
邊養育小孩，邊辛勤工作的 40 ～ 49 歲女性		
概念 讓腸胃和肌膚都健康的便利飲料		
訴求重點 可讓血糖快速上升，立刻擁有飽足感，因此具有減重效果。對於提升免疫力及解決失眠問題也很有幫助。	產品 名稱：糀冰沙 每包 200ml。有原味、草莓、綜合莓果、奇異果、玄米等口味	價格 380 日圓（原味） 400 日圓（玄米） 450 日圓（水果系列）
策略性的目的／目標 希望獲得核心忠實客群與願意提供回饋的客戶。首先限定針對具影響力且願意定期購買的人販售。	通路 活動現場販售與電商平台販售（以電商平台為主）。初期僅限定期宅配。	促銷 推出有名額限制的定期宅配嘗鮮優惠方案。定期舉辦工作坊，打響知名度。

基本概要

有時我們可能必須將在第 1 ～ 4 章思考的創意內容寫成新商品・服務的企畫，這時有助整理、分享基本資料的工具，就是「產品企畫書」。透過它，我們便能在兼顧目標客群和產品定位等行銷策略的狀況下，設計產品。

需要特別留意的，就是「不單是企畫好產品，而必須同步思考該如何推廣」的概念。近年有許多產品，在企畫階段就已經設計好上市後要如何擴大銷路，例如：「設計外觀時考慮在 IG 上是否吸引人」、「在包裝印上主題標籤」等。上面的範例是在思考產品企畫初期階段使用的單頁企畫書。

使用方法

1 [統整概要]：整理產品企畫書的骨幹，也就是基本內容。將「目標客群」、「概念」、「訴求重點」、「策略性的目的／目標」整理在左半邊，再將能滿足這些項目的創意填入右半邊。「產品草圖」欄位，請填入創意草圖或示意照，以及樣品資訊等內容。右下角則按照「產品」、「價格」、「通路」、「促銷」（4P 分析，請參照→18）的基本方針來進行設計。

2 [深入探討]：將1的內容與夥伴（主管或客戶等）分享。等進入正式製作企畫書的階段後，便可深入探討各個項目，製成資料。深入探討1的各項目，再參考本章一開始介紹的「企畫書的基本構成要素」，補足必要的項目，將資訊具體化。若想運用「4P 分析」或「STP」（請參照→35）等第 2 章與第 4 章的框架，可以將那些資訊一併整理進資料中。

促進思考的提問

Q. 思考產品時，目標對象是誰？

Q. 是新客戶還是老客戶？屬性為何？

Q. 自身公司是什麼風格？

Q. 提供給客戶的價值是什麼？

CHECK POINT

- ☑ 此產品設計能解決現有產品的課題
- ☑ 此產品設計與行銷策略同步（確認「4P 分析」與「STP」：請參照→18、35）

68 活動企畫書

將活動企畫的要點製成書面並共享

1

目標客群	23～29 歲現有客戶與其友人。對美妝有興趣，但不是很外向，對嘗試化妝感到害羞的女性。
概念	體驗變身的期待感。 透過向彩妝專家學習的簡易化妝技巧，體驗變身成為與平常不同的自己。
目的	打造形成推薦接龍的節奏。由於使用美容美體服務的門檻較高，因此設計一個能和朋友一起體驗的單次活動。持續對參加者發送訊息，希望參加者能更進一步體驗美容美體。
目標	來店頻率最高的前 100 位客戶中，有 8 位能參加。其中 4 位能每人邀請 1 位親友來參加。 →獲得 4 名潛在新客戶／次

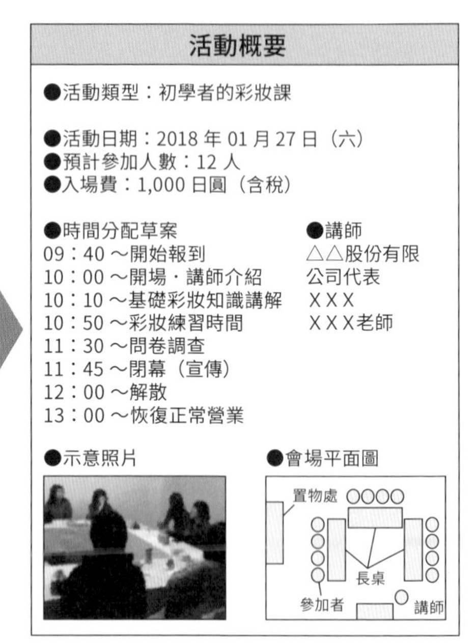

活動概要
●活動類型：初學者的彩妝課
●活動日期：2018 年 01 月 27 日（六）
●預計參加人數：12 人
●入場費：1,000 日圓（含稅）
●時間分配草案
09：40 ～開始報到
10：00 ～開場・講師介紹
10：10 ～基礎彩妝知識講解
10：50 ～彩妝練習時間
11：30 ～問卷調查
11：45 ～閉幕（宣傳）
12：00 ～解散
13：00 ～恢復正常營業
●講師
△△股份有限公司代表
XXX
XXX老師
●示意照片
●會場平面圖
置物處
長桌
參加者
講師

基本概要

這裡所說的活動特指行銷活動，包括體驗會、展示會、說明會、特賣會、講座、演唱會等，無論規模大小、實體或網路，各種形式都包含在內。活動的優點，在於可以用不同於平常的形式與客戶進行溝通。此外，有時也會需要企畫公司內部的讀書會等活動。

在企畫活動時，最重要的是設定該活動實施的「目的」，比如打響知名度、蒐集資料，還是販售產品……；此外，目標客群的屬性也必須釐清。上面的範例是在思考活動企畫初期階段使用的單頁企畫書。

使用方法

1 [統整概要]：思考「目標客群」、「概念」、「目的」、「目標」、「活動概要」。

2 [深入探討]：將1的內容與此企畫相關的成員分享。等進入正式製作企畫書的階段後，便可深入探討各個項目，製成資料。深入探討1的各項目，再參考本章一開始介紹的「企畫書的基本構成要素」，補足必要的項目，將資訊具體化。此外，亦可視活動目的或內容，思考下列要素。

年曆	可掌握全年活動計畫的行事曆（若為持續性活動）
贊助	整理贊助或廣告的募集概要
會場圖	若需掌握會場環境，請準備會場平面圖或照片
販售資料	若需當場販售產品，請準備產品與目標等資料

促進思考的提問

Q. 你曾舉辦或參加過哪些活動？

Q. 舉辦活動的目的是什麼？

Q. 「好活動」有哪些條件？

Q. 活動是否依照主要策略設計？

CHECK POINT

- ☑ 活動的目標明確（確認「SMART」：請參照→45）
- ☑ 目標客群與體驗流程皆已設想妥善（運用「人物誌」或「客戶體驗旅程圖」：請參照→15、17）

69 PREP

使結論明確、內容有組織

	欲傳達的內容
1 結論 Point	為了提高產能，應該引進電子操作手冊。
2 理由 Reason	目前使用的是紙本操作手冊，但由於沒有好好維護而出現問題。此外，製作與管理業務都需要人力成本。
3 具體範例 Example	餐廳的料理製作標準流程每個月都必須配合菜單更新，因此製作、印刷和發放都很麻煩。如果改成 App，就能降低成本，又可迅速更新．傳送。
4 結論 Point	用電子檔案來管理操作手冊很方便。為了提高產能，應該引進電子操作手冊。 →介紹導覽手冊、試算費用

基本概要

「PREP」是經常被運用在簡報或撰文時的框架，可幫助我們思考具有邏輯與說服力的結構。此框架由「結論」（Point）、「理由」（Reason）、「具體範例」（Example）、「結論」（Point）等四個步驟構成。

在準備不足的狀況下進行簡報時，往往會雜亂地列舉自己想說的東西，應該傳達的內容也變得模糊。為了讓對方願意聆聽並理解內容，簡報時必須整理要點，簡單扼要地傳達。PREP 首先提出結論，因此可讓重點變得明確；接著加入理由和具體範例，讓對方產生認同，最後再用結論進行總結。透過此框架，我們可以思考出簡潔又有說服力的內容架構。

使用方法

1 [思考結論]：首先整理結論。釐清想傳達的內容重點，最重要的是簡潔地傳達給對方。尤其是面對繁忙的人做簡報時，如果沒能讓對方一開始就產生興趣，接下來的內容他可能就不聽了。關鍵在於一開始就傳達對方可以獲得的好處。

2 [思考理由]：整理主張1結論的理由。請使用「原因分析」（請參照→03）或使用邏輯樹狀圖（請參照→05）的 Why 樹，整理出理由和根據。

3 [思考具體範例]：利用具體實例或資料，補充導出結論的理由。透過想像現場狀況凝聚共識，同時提出實際數字，便能使夥伴深有同感並理解。

4 [思考結論]：最後重申一次結論。如果目的是希望對方採取行動，請簡單扼要說明該行動的內容和促成行動的方法。

促進思考的提問

簡報能力強的人和自己的差別是什麼？

你最想傳達的是什麼？

你是否想過自己為什麼最想傳達這一點？

可能讓對方感到阻礙的會是什麼？

CHECK POINT

- ☑ 想傳達的內容整體概要與要點皆已統整
- ☑ 已準備好充分的資料，隨時可補充理由或實例
- ☑ 整理好的內容很吸引人（使用「SUCCESs」評估：請參照→30）

70 TAPS

根據理想與現實的差距來組織想傳達的內容

	欲傳達的內容
1 理想狀況 To be	將公司蒐集的 500 間公司資料運用於行銷活動，使客戶成為常客，並願意介紹新客戶。
2 現狀 As is	擁有過去曾使用本公司服務的 500 間公司的資料，卻只是擱置在那。
3 問題 Problem	沒有培養客戶的概念，欠缺長期性的行銷架構。因為業務能力強，帶來豐碩的成果，所以缺乏對行銷的理解。
4 解決方案 Solution	設計容易重複使用的產品，利用電子郵件和 DM 定期寄送行銷資訊。為此，必須引進客戶資料管理系統。

基本概要

「TAPS」是以理想和現實之間的落差為出發點，思考簡報內容架構的框架，也可以說是以「As is / To be」（請參照→01）為主軸，設計簡報內容的手法。由於簡報的內容是以對方的問題為出發點，因此很容易讓對方設身處地思考，簡報也會更有說服力。

大致而言，簡報的順序是：首先讓對方理解理想與現實之間的差距，接著再論述解決問的方法。關鍵在於是否能準確打中對方心中的理想與問題點。如果能指出連對方自己都還沒釐清的問題原因所在，並有邏輯地傳達，必定能提升對方的認同感，使對方更有意願實際採取行動。

使用方法

1 [思考對方的期待]：寫出簡報對象的理想。必須先明確掌握簡報對象是誰，再寫下對方期待的狀態或成果。

2 [整理現狀]：寫下為了達成理想，目前的現狀為何。

3 [整理問題]：整理理想與現實的差距（問題）。請列出問題的內容、具體實例和原因，確實加以整理，讓對方明白理想為什麼無法達成。

補充 有助進行步驟1～3的框架

可利用「As is / To be」來仔細整理步驟1～3；若想深入探討問題，則可使用原因分析（請參照→03）。

4 [思考解決方案]：針對自己設定的問題，整理出有哪些解決方案存在。最後請簡單扼要傳達希望對方採取的行動內容與方法。

促進思考的提問

- 對方是否真的抱有這份理想？
- 問題設定是否具體？
- 對方是否已經想過同樣的事？
- 能否想出三種解決方案？

CHECK POINT

- ☑ 已確切找出問題（請參照第 1 章）
- ☑ 已統整出最想訴求的問題
- ☑ 解決方案具可行性，且是對方能列入考慮的

框架應用 MAP

支援與價值提供、問題解決相關之直接活動的框架

第 1 章　發現問題・課題

As is / To be（1）
6W2H（2）
原因分析（3）
可控制／不可控制（4）
邏輯樹狀圖（5）
課題設定表單（6）
急迫性／重要性矩陣（7）
決策矩陣（8）

第 2 章　分析市場

PEST 分析（9）
五力分析（10）
VRIO 分析（11）
SWOT 分析（12）
帕雷托分析（13）
RFM 分析（14）
人物誌（15）
同理心地圖（16）
客戶體驗旅程圖（17）
4P 分析（18）
4P＋提供內容與對象分析（19）
價值鏈分析（20）
核心能力分析（21）

〔小循環①〕：深究問題

支援有助於上述活動之內部活動的框架

第 5 章　改善業務

KPT（46）、YWT（47）、PDCA（48）、業務盤點表（49）、業務流
PERT 圖（51）、RACI（52）、勉強・過剩・不均（53）、ECRS（

第 6 章　管理組織

任務・願景・價值（56）、Will/Can/Must（57）、Need/Want 矩
Want/Commitment（61）、PM 理論（62）、利害關係人分析（6

支援與他人共享資訊的框架

第 7 章　傳達與共享

產品企畫書（67）、活動企畫書（68）、PREP（69）、TAPS（70）

第 1 章到第 4 章介紹的框架皆對與解決問題直接相關的活動有所幫助。第 5 章與第 6 章介紹的框架能幫我們思考該如何支援上述活動。第 7 章則補充與他人分享資訊的方法。

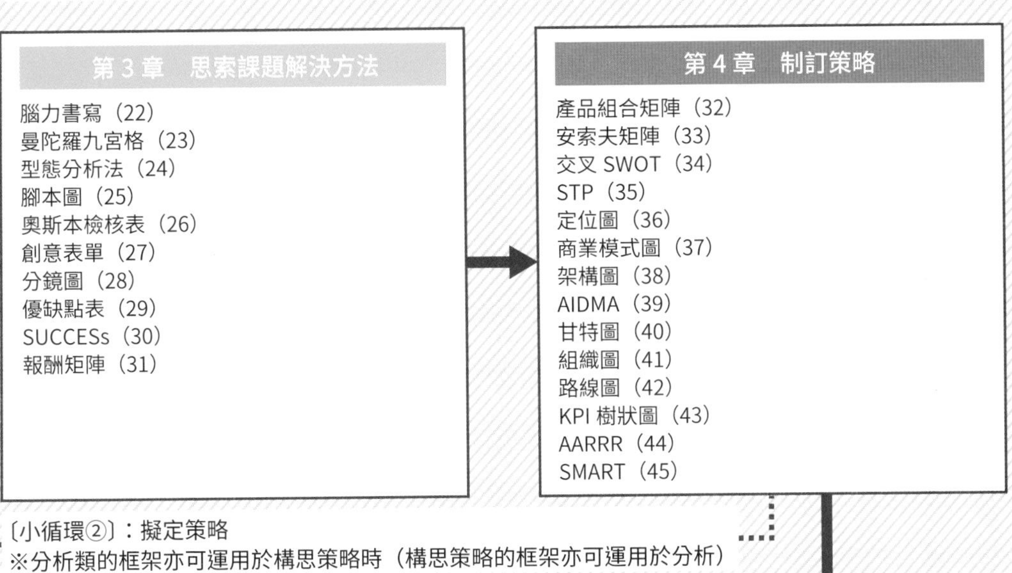

第 3 章　思索課題解決方法
腦力書寫（22）
曼陀羅九宮格（23）
型態分析法（24）
腳本圖（25）
奧斯本檢核表（26）
創意表單（27）
分鏡圖（28）
優缺點表（29）
SUCCESs（30）
報酬矩陣（31）
第 4 章　制訂策略
產品組合矩陣（32）
安索夫矩陣（33）
交叉 SWOT（34）
STP（35）
定位圖（36）
商業模式圖（37）
架構圖（38）
AIDMA（39）
甘特圖（40）
組織圖（41）
路線圖（42）
KPI 樹狀圖（43）
AARRR（44）
SMART（45）
〔小循環②〕：擬定策略
※分析類的框架亦可運用於構思策略時（構思策略的框架亦可運用於分析）
〔大循環〕：根據實踐後的結果，繼續解決下一個問題

50）、
務改善提案表（55）

、周哈里窗（59）、認知／行動循環（60）、
因素理論（64）、Will/Skill 矩陣（65）、GROW 模型（66）

框架應用時機一覽表

No	名稱	發現問題	分析	激發創意	制定策略	改善業務	管理組織	資訊共享
1	As is / To be	●	●		●	●		
2	6W2H	●	●	●	●	●	●	●
3	原因分析	●	●			●	●	
4	可控制／不可控制	●	●			●	●	
5	邏輯樹狀圖	●	●	●	●	●	●	●
6	課題設定表單	●				●		●
7	急迫性／重要性矩陣	●		●	●	●	●	
8	決策矩陣	●		●	●	●	●	
9	PEST 分析		●					
10	五力分析		●					
11	VRIO 分析		●					
12	SWOT 分析		●					
13	帕雷托分析		●					
14	RFM 分析		●					
15	人物誌		●		●			
16	同理心地圖		●		●			
17	客戶體驗旅程圖	●	●		●			
18	4P 分析		●		●			
19	4P ＋提供內容與對象分析		●		●			
20	價值鏈分析	●	●		●	●		
21	核心能力分析		●					
22	腦力書寫			●				
23	曼陀羅九宮格	●		●				
24	型態分析法		●	●				
25	腳本圖			●				
26	奧斯本檢核表			●				
27	創意表單			●				●
28	分鏡圖			●	●			●
29	優缺點表	●		●	●	●	●	
30	SUCCESs			●				●
31	報酬矩陣	●		●	●	●	●	
32	產品組合矩陣		●		●			
33	安索夫矩陣				●			
34	交叉 SWOT		●		●			
35	STP		●		●			

除了介紹該框架的章節所提到的場景，每一款框架都能應用在各種場合中。下表整理了各款框架可發揮功效的主要時機。

No	名稱	發現問題	分析	激發創意	制定策略	改善業務	管理組織	資訊共享
36	定位圖		●		●			
37	商業模式圖		●		●			
38	架構圖				●			●
39	AIDMA		●		●			
40	甘特圖				●	●		●
41	組織圖				●	●	●	●
42	路線圖				●			●
43	KPI 樹狀圖	●	●		●	●	●	●
44	AARRR	●	●		●			
45	SMART				●			
46	KPT	●				●		
47	YWT					●	●	
48	PDCA	●	●		●	●	●	
49	業務盤點表	●				●	●	●
50	業務流程圖					●		●
51	PERT 圖					●		●
52	RACI					●	●	●
53	勉強・過剩・不均	●				●		
54	ECRS			●		●		
55	業務改善提案表	●				●		●
56	任務・願景・價值				●		●	●
57	Will / Can / Must	●					●	
58	Need / Want 矩陣	●					●	
59	周哈里窗						●	
60	認知／行動循環						●	
61	Want / Commitment						●	
62	PM 理論						●	
63	利害關係人分析						●	
64	雙因素理論	●					●	
65	Will / Skill 矩陣	●					●	
66	GROW 模型	●			●		●	●
67	產品企畫書				●			●
68	活動企畫書				●			●
69	PREP							●
70	TAPS							●

參考文獻・網站

第 1 章

- 《トヨタ生産方式——脱規模の経営をめざして》（大野耐一著／ダイヤモンド社／ 1978 年）
- 《7 つの習慣—成功には原則があった！》（スティーブン・R・コビィー、ジェームス・スキナー著／川西茂訳／キングベアー出版／ 1996 年）

第 2 章

- 《コトラー & ケラーのマーケティング・マネジメント 第 12 版》（フィリップ・コトラー、ケビン・レーン・ケラー著／恩藏直人監修／月谷真紀訳／丸善出版／ 2014 年）
- 《競争の戦略》（マイケル・E・ポーター著／土岐坤 、中辻萬治、服部照夫訳／ダイヤモンド社／ 1995 年）
- 《企業戦略論 上 基本編 競争優位の構築と持続》（ジェイ・B・バーニー著／岡田正大訳／ダイヤモンド社／ 2003 年）
- 《コンピュータは、むずかしすぎて使えない！》（アラン・クーパー著／山形浩生訳／翔泳社／ 2000 年）
- 《ペルソナ戦略—マーケティング、製品開発、デザインを顧客志向にする》（ジョン・S・プルーイット著／秋本芳伸訳／ダイヤモンド社／ 2007 年）
- 《Web 制作者のための UX デザインをはじめる本 ユーザビリティ評価からカスタマージャーニーマップまで》（玉飼真一、村上竜介、佐藤哲、太田文明、常盤晋作、株式会社アイ・エム・ジェイ著／翔泳社／ 2016 年）
- 《マッピングエクスペリエンス —カスタマージャーニー、サービスブループリント、その他ダイアグラムから価値を創る》（ジェームス・カルバック著／武舎広幸、武舎るみ訳／オライリージャパン／ 2018 年）
- 「Updated Emphathy Map Canvas」https://medium.com/the-xplane-collection/updated-empathy-map-canvas-46df22df3c8a（The XPLANE Collection ／ A Medium Corporation）
- 「The Anatomy of an Experience Map」http://www.adaptivepath.org/ideas/the-anatomy-of-an-experience-map/（Adaptive path）
- 《競争優位の戦略—いかに高業績を持続させるか》（マイケル・E・ポーター著／土岐坤訳／ダイヤモンド社／ 1985 年）
- 《コア・コンピタンス経営—未来への競争戦略》（ゲイリー・ハメル、C・K・プラハラード著／一条和生訳／日本経済新聞社／ 2001 年）
- 《ストラテジック・マインド—変革期の企業戦略論》（大前研一著／田口統吾、湯沢章伍訳／プレジデント社／ 1984 年）
- 《Web コンテンツマーケティング サイトを成功に導く現場の教科書》（株式会社日本 SP センター著／エムディエヌコーポレーション／ 2015 年）

第 3 章

- 《超メモ学入門 マンダラートの技法—ものを「観」ることから創造が始まる》（今泉浩晃著／日本実業出版社／ 1988 年）
- 《創造力を生かす—アイディアを得る 38 の方法》（アレックス・F・オズボーン著／豊田晃訳／創元社／ 2008 年）
- 《アイデアのちから》（チップ・ハース、ダン・ハース著／飯岡美紀訳／日経 BP 社／ 2008 年）

第 4 章

- 《BCG 戦略コンセプト》（水越豊著／ダイヤモンド社／ 2003 年）
- 《企業戦略論》（H・I・アンゾフ著／広田寿亮訳／産業能率大学出版部／ 1985 年）
- 《コトラーのマーケティング・コンセプト》（フィリップ・コトラー著／恩藏直人監訳／大川修二訳／東洋経済新報社／ 2003 年）
- 《コトラー & ケラーのマーケティング・マネジメント 第 12 版》（フィリップ・コトラー、ケビン・レーン・ケラー

著／恩藏直人監修／月谷真紀訳／丸善出版／2014 年）
- 《ビジネスモデル・ジェネレーション ビジネスモデル設計書》（アレックス・オスターワルダー、イヴ・ピニュール著／小山龍介訳／翔泳社／2012 年）
- 《ロードマップのノウハウ・ドゥハウ》（HR インスティチュート著／野口吉昭編／PHP 研究所／2004 年）
- 「Startup Metrics for Pirates: AARRR!!!」https://www.slideshare.net/dmc500hats/startup-metrics-for-pirates-long-version/（デイブ・マクルーア／SlideShare）
- 《起業の科学 スタートアップサイエンス》（田所雅之著／日経 BP 社／2017 年）
- 《いちばんやさしいグロースハックの教本 人気講師が教える急成長マーケティング戦略》（金山祐樹、梶谷健人著／インプレス／2016 年）
- 《これだけ！ SMART》（倉持淳子著／すばる舎／2014 年）
- 《競争の戦略》（マイケル・E・ポーター著／土岐坤 、中辻萬治、服部照夫訳／ダイヤモンド社／1995 年）

第 5 章

- 《アジャイルソフトウェア開発》（アリスター・コーバーン著／株式会社テクノロジックアート訳／ピアソン・エデュケーション／2002 年）
- 《場のマネジメント 実践技術》（伊丹敬之、日本能率協会コンサルティング編／東洋経済新報社／2010 年）
- 《自分を劇的に成長させる！ PDCA ノート》（岡村拓朗著／フォレスト出版／2017 年）
- 《日本的品質管理―TQC とは何か＜増補版＞》（石川馨著／日科技連／1984 年）
- 《トヨタの元工場責任者が教える 入門トヨタ生産方式―あなたの会社にも「トヨタ式」が導入できる》（石井正光著／中経出版／2004 年）
- 《［改訂新版］人間性の心理学―モチベーションとパーソナリティ》（A・H・マズロー著／小口忠彦訳／産能大出版部／1987 年）

第 6 章

- 《ネクスト・ソサエティ ― 歴史が見たことのない未来がはじまる》（ピーター・F・ドラッカー著／上田惇生訳／ダイヤモンド社／2002 年）
- 《U 理論――過去や偏見にとらわれず、本当に必要な「変化」を生み出す技術》（C・オットー・シャーマー著／中土井僚、由佐美加子訳、英治出版／2010 年）
- 《リーダーシップの科学―指導力の科学的診断法》（三隅二不二著／講談社／1986 年）
- 《新版 動機づける力―モチベーションの理論と実践》（DIAMOND ハーバード・ビジネス編集部著／ダイヤモンド社／2009 年）
- 《はじめのコーチング》（ジョン・ウィットモア著／清川幸美訳／SB クリエイティブ／2003 年）

第 7 章

- 《スパッと決まる！ プレゼン 3 ステップで結果を出せるトータルテクニック》（山田進一著／翔泳社／2011 年）
- 《高橋憲行の「企画書の書き方」がわかる本―必ず相手を納得させるプロの技術》（高橋憲行著／大和出版／1999 年）

全書

- 《ビジネス・フレームワーク》（堀公俊著／日本経済新聞出版社／2013 年）
- 《アイデア発想フレームワーク》（堀公俊著／日本経済新聞出版社／2014 年）
- 《グロービス MBA キーワード 図解 基本フレームワーク 50》（グロービズ著／ダイヤモンド社／2015 年）
- 《グロービス MBA キーワード 図解 基本ビジネス分析ツール 50》（グロービズ著／ダイヤモンド社／2016 年）
- 《知的生産力が劇的に高まる最強フレームワーク 100》（永田豊志著／SB クリエイティブ／2008 年）
- 《問題解決フレームワーク大全》（堀公俊著／日本経済新聞出版社／2015 年）
- 《フレームワーク使いこなしブック》（吉澤準持著／日本能率協会マネジメントセンター／2010 年）
- 《ファシリテーターの道具箱―組織の問題解決に使えるパワーツール 49》（森時彦著／ダイヤモンド社／2008 年）

翻轉學系列 012

解決問題的商業框架圖鑑

七大類工作場景╳70款框架，改善企畫提案、執行力、組織管理效率，精準解決問題全圖解

ビジネスフレームワーク図鑑 すぐ使える問題解決・アイデア　想ツール 70

作　　者　And股份有限公司
譯　　者　周若珍
總 編 輯　何玉美
主　　編　林俊安
校　　對　許景理
封面設計　張天薪
內文排版　許貴華

出版發行　采實文化事業股份有限公司
行銷企畫　陳佩宜・黃于庭・馮羿勳・蔡雨庭
業務發行　張世明・林踏欣・林坤蓉・王貞玉
國際版權　王俐雯・林冠妤
印務採購　曾玉霞
會計行政　王雅蕙・李韶婉
法律顧問　第一國際法律事務所　余淑杏律師
電子信箱　acme@acmebook.com.tw
采實官網　www.acmebook.com.tw
采實臉書　www.facebook.com/acmebook01

I S B N　978-957-8950-97-9
定　　價　460元
初版一刷　2019年4月
劃撥帳號　50148859
劃撥戶名　采實文化事業股份有限公司
10457台北市中山區南京東路二段95號9樓
電話：（02）2511-9798　傳真：（02）2571-3298

國家圖書館出版品預行編目資料

解決問題的商業框架圖鑑：七大類工作場景╳70款框架，改善企畫提案、執行力、組織管理效率，精準解決問題全圖解 /And股份有限公司著；周若珍譯 . – 台北市：采實文化，2019.04
216面；17×21.5公分 . --（翻轉學系列；12）

ISBN 978-957-8950-97-9 (平裝)
1. 職場成功法 2. 企業管理

494.35　　108002812

ビジネスフレームワーク図鑑 すぐ使える問題解決・アイデア　想ツール 70
(Business Framework Zukan : 5691-0)